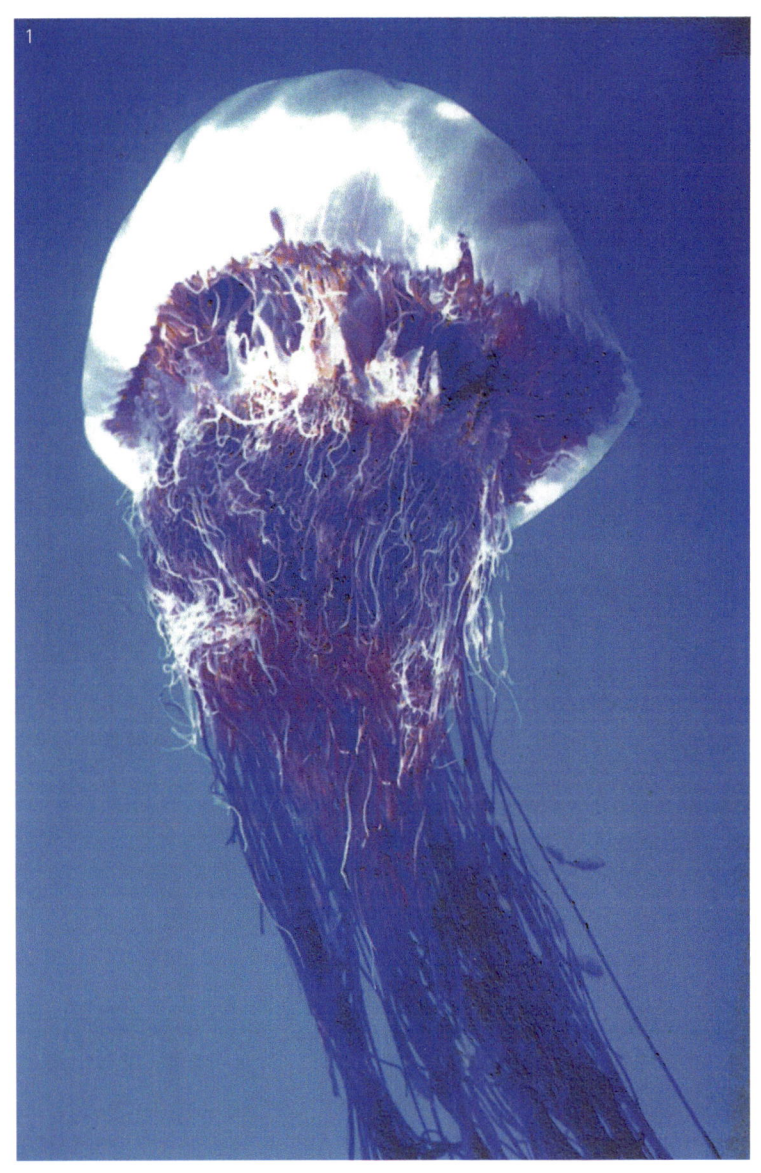

사진 1 | 큰덩불해파리

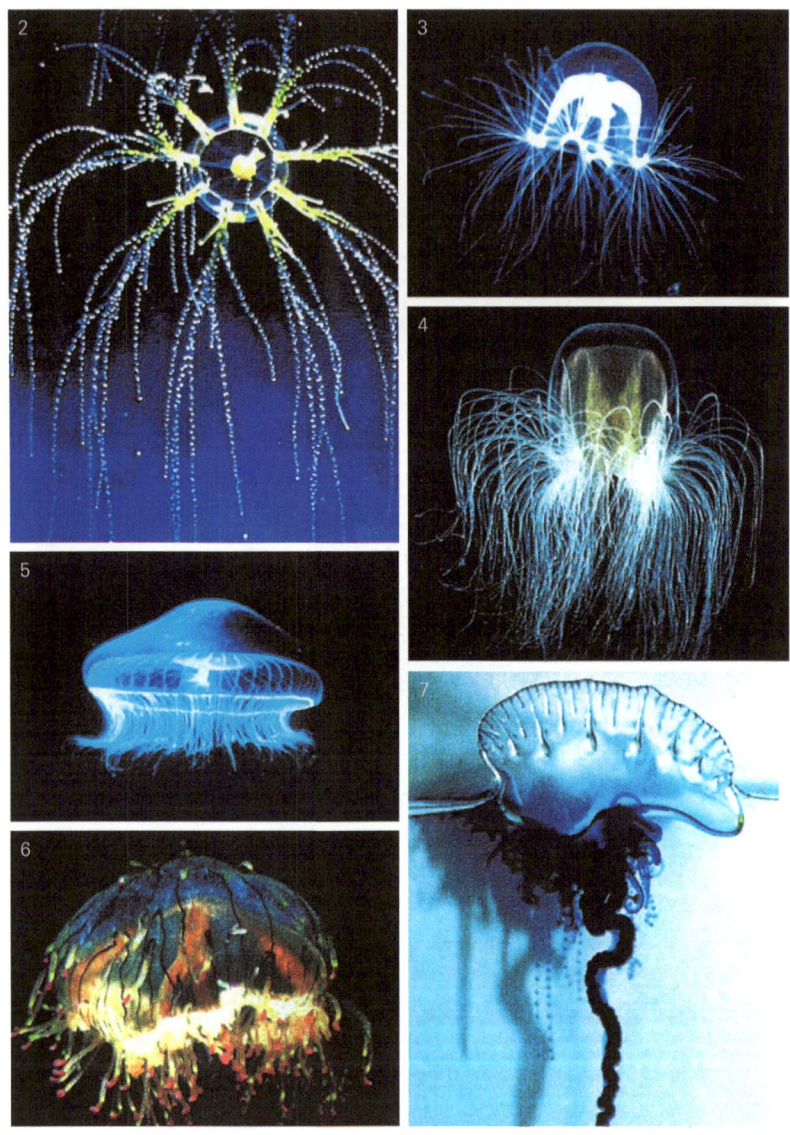

사진 2 | 수양버들해파리   **사진 3** | 도플라인해파리   **사진 4** | 무희나선꼬리해파리
사진 5 | 발광평면해파리   **사진 6** | 꽃우산해파리   **사진 7** | 부레두건관해파리

사진 8 | 킹카해파리   **사진 9** | 나팔꽃해파리   **사진 10** | 십자해파리
사진 11 | 붉은쐐기해파리   **사진 12** | 북방성의 붉은쐐기해파리   **사진 13** | 사자갈기해파리

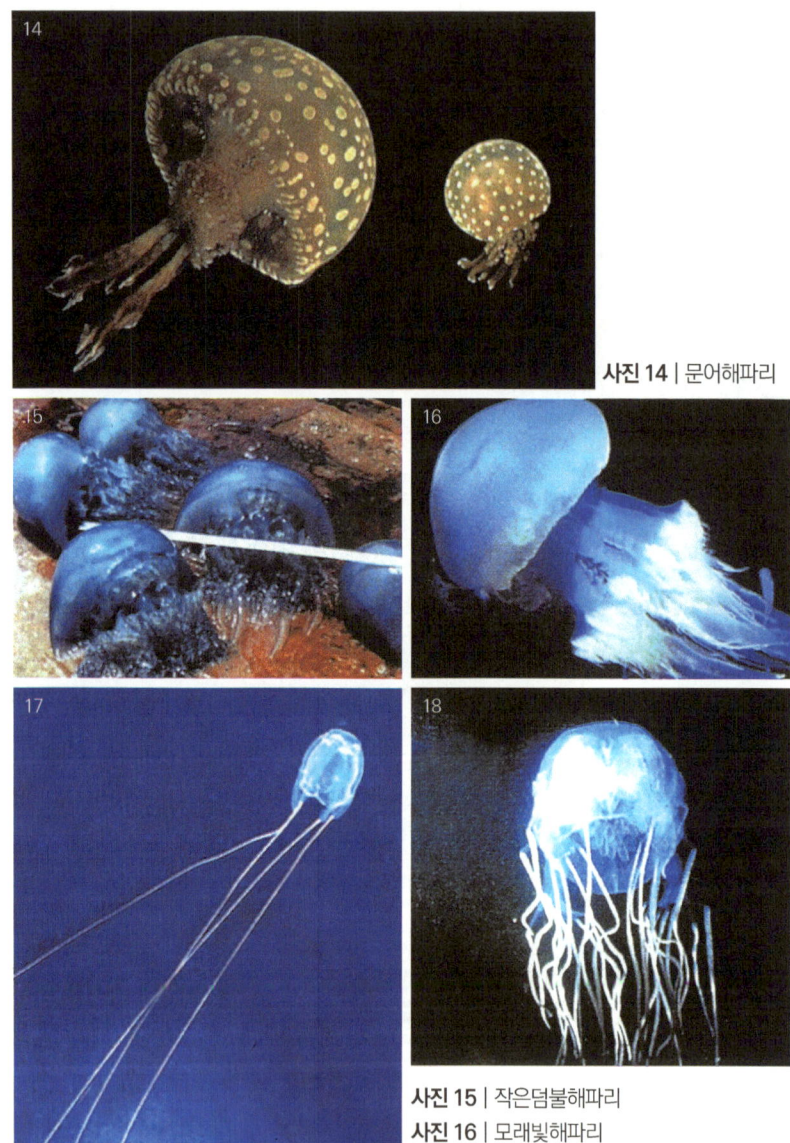

사진 14 | 문어해파리

사진 15 | 작은덤불해파리
사진 16 | 모래빛해파리
사진 17 | 연등입방해파리
사진 18 | 반신뱀해파리

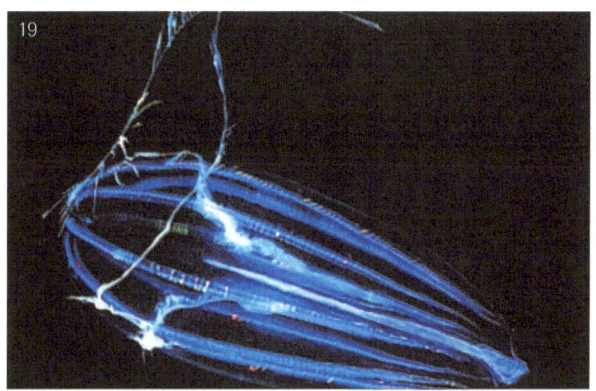

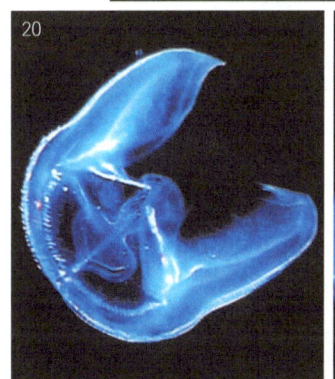

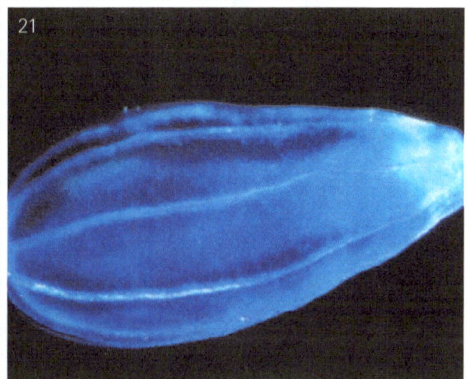

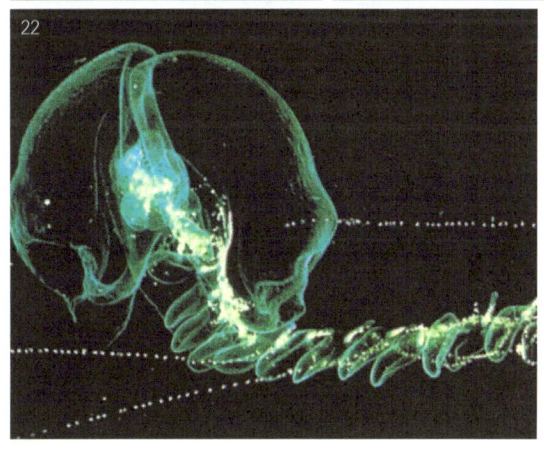

사진 19 | 풍선빗해파리
사진 20 | 나비빗해파리
사진 21 | 오이빗해파리
사진 22 | Prayidae과
심해성 해파리 일종

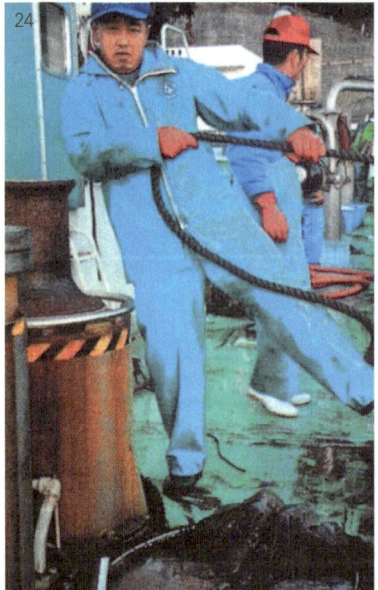

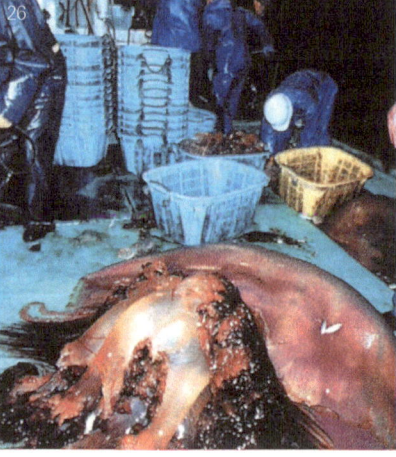

사진 23-26 | 거대 큰덤불해파리 처리에 골몰하는 어업인들. 조업보다도 해파리 제거에 하루를 보낸다.

사진 27 | 문어해파리의 대군
사진 28-29 | 바다를 방랑하는 큰덤불해파리
사진 30 | 보름달물해파리

사진 31-36 | 거대 해파리를 재료로 한 식품(31: 술지게미 절임 | 32: 사탕-민트맛, 간장맛)
사진 33 | 중화요리의 해파리 냉채 **사진 34** | 해파리 간장 **사진 35** | 해파리 조림 **사진 36** | 막대과자

사진 제공 | 1: 藤村健作 | 3, 4, 9, 17: 東京시네마社 | 5, 6, 20, 21: 堀田拓史 | 7, 8, 12, 13, 27: Th. Heeger
| 10: 平野彌生 | 15: 森木義壽 | 16: 奥泉和也 | 18: 山口正士 | 19: Aquacommunity 稗田一俊 | 23, 24:
谷口芳哉 | 26: Toyama(富山)신문 | 28, 29: Shimane(島根)수산시험장 | 30: Tokyo(東京)전력주식회사 |
34: 小谷幸敏
사진 인용 | 2: 佐々木(1975) | 11, 14: 谷村俊介, 志村和子(1988) | 22: L.P. Madin(2003) | 31, 32, 35, 36:
Aomori(青森)현 고향식품연구센터(2007) | 33: Fukui(福井)현 식품가공연구소(2007)에서 각각 발췌 인용

해파리의 경고

디아스포라(DIASPORA)는 독자 여러분의 책에 관한 아이디어와 원고 투고를 기다리고 있습니다. 디아스포라는 전파과학사의 임프린트로 종교(기독교), 경제·경영서, 일반 문학 등 다양한 장르의 국내 저자와 해외 번역서를 준비하고 있습니다. 출간을 고민하고 계신 분들은 이메일 chonpa2@hanmail.net로 간단한 개요와 취지, 연락처 등을 적어 보내주세요.

해파리의 경고
아름답고 불가사의한 생물

–
초판1쇄 발행 2009년 2월 28일
개정1쇄 발행 2025년 12월 23일

–
지은이 야스다 도루(安田 徹)
옮긴이 윤양호
발행인 손동민
디자인 김미영

–
펴낸곳 전파과학사
출판등록 1956. 7. 23. 제 10-89호
주   소 서울시 서대문구 증가로18, 204호
전   화 02-333-8877(8855)
팩   스 02-334-8092
이메일 chonpa2@hanmail.net
공식 블로그 http://blog.naver.com/siencia

ISBN 979-11-94832-39-3 (03490)

해파리의 경고

아름답고 불가사의한 생물

머리말

최근, 지구 온난화에 따라 지구환경(대기와 해양학)의 변화와 이상 현상이 화제가 되고 있다. 신문이나 잡지, 텔레비전 등의 미디어를 통해서 우리들은 지구 규모로 발생하는 이상 현상을 알 수 있다. 해양에서도 수온과 해수면의 상승, 호우로 인한 연안토사의 유입 등에 관한 앞으로의 전망과 예측을 둘러싼 논의가 활발하다.

그럼, 해양생물에 대해서는 어떠한가? 최근 바다를 인접하고 있는 나라에서 가장 주목되는 것 중 하나는 해파리의 대량(이상) 발생 및 출현이다. 해파리의 이상 발생은 지중해, 흑해, 북해, 중국 항주(抗州)만, 멕시코만 등 전 세계의 연안 및 외양 해역에서 보고된다. 잘 알고 있는 것처럼 일본에서도 동해/일본해나 세토나이카이(瀬戸內海)에서도 해파리의 대량 발생 및 출현은 빈발하고 있으며, 그 규모도 점차 확대되는 경향이 보인다. 해파리의 대량 발생 및 출현 현상도 실제로는 해양 피해를 유발하는 대표적인 적조(赤潮)의 하나라고 생각할 수 있다. 넓게는 바다의 환경보전, 산업면에서는 어업 및 임해공업의 피해, 사소한 일로서는 해수욕객들이 해파리에 쏘이는 사건까지 대량의 해파리에 의해 발생되는 문제는 매우 다양하다. 자주 문제로 취급되지만, 해파리의 대책을 생각할 때 무엇이 중요한 포인트가 될까?

이 문제 해결이나 대책을 생각할 경우, 우선 실제 바다에 떠 있는 해파리류의 기본적인 생물학적 특성을 이해하는 것이 매우 중요하다. 본서는 일본 연안 해역에 출현하는 주요 해파리 약 20종의 특징과 특성의 개요를 언급하는 것 외에도 대표적인 보름달물해파리와 최근, 특히 어업 피해가 막대하여 각 지방에서 뉴스가 되고 있는 거대 큰넘불해파리를 주 대상으로 하였다. 지금까지 알려진 생물학적 내용을 정리하면서 저자가 주로 동해/일본해의 와카사만에서 얻은 체험을 추가하여 설명하였다. 또한 사례가 적은 해파리 조사 및 연구의 방법, 그들의 주요 현상 외에 앞으로의 과제 및 예측, 그리고 예외적인 이용 방법에 대해서도 언급해 두었다. 특히 거대 해파리의 어업 피해 대책에 대해서 앞으로 시급히 해결해야 할 중요한 조사 및 연구 주제, 그리고 조직체계의 변화 등에 대해 저자의 생각을 기술하였다.

본서는 해파리라는 동물에 대한 이해를 깊게 해줌과 동시에 인류에게 중요한 해양환경문제 해결의 실마리가 되어, 해파리의 피해로부터 일본의 연·근해 어업을 지켜가는 데 조금이나마 보탬이 되었으면 하는 바람이다.

2007년 8월
야스다 도루(安田 徹)

역자 서문

1990년 중반 이후 우리나라 연안의 임해공업단지에 건설된 원자력발전소의 냉각수 취수구 주변 해역에 해파리와 크릴새우 등이 대량으로 발생하여 발전소 가동에 문제를 일으킨 사고가 발생하였다. 이때 대량 발생한 해파리는 보름달물해파리였으나, 그 이후 지금까지 계속하여 대량 발생이 보고되고 있다. 더욱이 2000년대에 들어서면서 보름달물해파리와는 종류가 다른 거대 해파리 무리가 우리나라 남해, 서해 및 동해 일부 해역에까지 대량으로 내습하여 막대한 수산피해는 물론, 해양 생태계의 이상 현상을 일으켰다. 이러한 현상은 하절기에 큰 뉴스거리로 다뤄졌을 뿐 아니라, 텔레비전에서 특별방송이 제작되어 방영된 이후, 해파리는 일반인들에게도 자연스럽게 오르내리는 화젯거리가 되고 있는 실정이다. 즉, 해파리의 대량 발생은 지구 온난화 문제, 해양 수산 자원생물의 남획, 산업폐수 및 생활하수의 과도한 해양 유입으로 인한 연안 해역의 오염 및 자연 해안선에 무계획적인 거대 인공구조물의 건설 등 복합적인 환경변화에 따라 발생하는 바다 생물의 경고인 셈이다.

그렇지만 국내는 물론 국외에도 일반인들이 해파리 전반에 대해 이

해하기 쉽게 접할 수 있는 문헌이 매우 제한적이기에 전문가가 아니면 쉽게 해파리에 대한 정보를 접할 수 없는 실정이다. 또한 국내에는 현재까지 우리나라 연안 해역에 출현하는 해파리의 종류에 대한 정보조차도 정리되어 있지 못한 실정이며, 그에 따라 출현하는 해파리에 대해 검증된 우리말 명칭도 없다.

역자는 2000년부터 현재까지 6월 하순 대학의 실습선에 동승하여 동중국해를 대상으로 해양관측과 자원조사를 실시하고 있다. 매년 조사에서 대량으로 발견되는 거대 해파리 무리와 트롤에 의해 건져 올리는 해파리에 대해 큰 의미를 부여하지는 못했다. 그러나 2002년 조사에서 양쯔강 하구 해역에서 제주도 서방까지 확장되고 있는 와편모조류*Prorocentrum donhaiense*에 의한 대규모의 적조현상을 관찰하고, 그 내용을 정리하는 과정에서, 최근 남획 등에 의한 동중국해의 자원고갈 및 연안 해역 부영양화에 동반되는 대규모 적조가 1995년 이후 4~5월에 집중적으로 발생하기 시작하였고, 그에 따라 해파리가 대량으로 발생하게 되는 일련의 과정을 정리할 수 있었다.

국내 해파리 전문가가 전무한 실정이기에 오래전 대학원 과정에서 '젤라틴 동물플랑크톤'이라는 주제로 한 학기 동안 토론했던 자료와 문헌 등을 수집하여 정리하던 중, 『海のUFOクラゲ(安田徹 편, 2003)』에서 일본의 동해/일본해에서의 거대 해파리 이동 양상(한국 연안에 대해서는 자료가 없기에 누락)에 대해 서술한 내용 및 해파리 정보를 접하게 되었다. 이후 해파리 전문가는 아니지만 본 도서에 대한 번역을 시도하였으나,

늘 쫓기는 시간 속에 시간을 보내다, 최근 安田徹씨로부터 기존 자료에 새로운 정보를 추가한 '安田徹 著(2007), 『エチゼンクラゲとミズクラゲ—その正體と對策』, 成山堂書店, 172쪽(2007년 9월 8일 초판발행, ISBN: 978-4-425-85301-4)'이라는 도서가 2007년에 발간되어, 일본 도서관 협회에서 우수도서로 선정되는 등 좋은 평가를 받았다는 소식을 들었다. 이에 번역을 제안받아 번역 작업을 진행하게 되었다.

본 도서는 어업인들과 생활을 같이할 수밖에 없는 수산시험장 및 재배어업센터라는 직장에 몸을 담고 오랜 기간 해파리만을 연구해 온 노학자가 일생을 걸쳐 수집한 자료 및 경험을 바탕으로 알기 쉽고 유익한 정보를 제공하며, 일반인들과 해파리에 대해 새롭게 연구를 시작하려는 학생들을 대상으로 서술되어 있다.

내용을 잠시 살펴보면, 1장에서는 해파리에 대한 개요로 해파리 형태에 대한 간단한 설명과 함께, 일본이나 우리나라 연안에서 쉽게 관찰되면서 문제가 될 수 있는 다양한 해파리 종류에 대해 간략히 기술하고 있다. 일반인들은 해파리 형태 등에 대해서는 가볍게 보고, 어려운 용어는 그대로 넘기더라도 전체적인 내용을 이해하는 데에는 문제가 없을 것이다.

2장은 우리나라 및 일본 연안에서 발전소 냉각수 취수구 등에서 가장 심각한 문제를 발생시키는 보름달물해파리에 대해, 일반적인 생리, 생태 등에 대해 다양한 근거 자료를 제시하면서 알기 쉽게 설명하고 있다. 즉, 2장은 앞으로 보름달물해파리에 의해 발생할 수 있는 다양한 현상 및 사건들에 대한 해법을 과학적으로 접근하기 위한 기초지식을 제공하고 있다고 보면 좋을 것이다.

3장은 큰덤불해파리(일명 노무라입깃해파리)에 대하여 2장의 형식으로 서술하고 있다.

4장은 일본 연안에서 지금까지 해파리의 대량 발생 및 내습으로 인해 발생했던 사고, 사건들을 정리하고 있다. 특히 그중에서도 수산업에 대한 피해, 발전소에 대한 영향 및 인간을 공격한 사례 등을 중심으로 기술하고 있다.

그리고 마지막 5장에서는 해파리 내습에 대한 대책으로 해파리의 생리, 생태를 역이용하여 발전소 및 수산 피해를 줄일 수 있는 방법, 그리고 해파리를 식용으로 이용하는 방법 및 실례 등에 대해 설명하고 있고, 기능성 물질의 추출이나 관상동물로서 해파리의 이용가치에 대해서도 간략히 설명하고 있다.

따라서 본서는 해파리에 대해 다양한 정보를 얻고자 하는 사람, 새롭게 해파리 연구를 시작하려는 사람은 물론, 해파리에 의한 막대한 경제손실을 보고 있는 온배수 발생 관련 발전소 관계자, 수산업 관련자 및 최근에 해파리를 이용한 식용 상품 개발을 위한 식품 관련 분야, 독 해파리 등에 의해 항암물질 개발 등 기능성 물질 탐색을 기대하는 생물공학 분야, 해양환경 및 환경생태 전문가 및 학생 그리고 넓은 분야의 일반인들에게 해파리라는 신비의 생물에 대해 새롭게 지식을 접할 수 있는 좋은 지침서가 되리라 믿는다.

본 번역도서가 해파리 문제의 심각성에 대해 재삼 인식하고 국내에서도 체계적인 연구가 형성될 수 있기 바라면서 해파리에 대한 보다 객관적 정보를 획득할 수 있는 계기가 되었으면 한다. 그리고 본서를 통해 앞으로 무한한 연구 및 발전 가능성을 나타내는 유해·유독 또는 유용 해양생물에 대한 관심을 조금이나마 가질 수 있는 계기가 될 수 있었으면 하는 바람이다.

2008년 12월

윤양호(尹良湖)

본문을 읽기 전에

최근 국내에도 전문가 및 비전문가에 의한 일부 해파리 서적과 인터넷 자료 등이 제시되고 있으나, 자료마다 해석은 물론 해파리의 각부 명칭 및 과거 자료 등에 대한 임의적 해석 등으로 혼란을 초래하고 있다. 이와 같은 현상은 국내에서 편찬된 각종 용어집 및 생물사전 등에서도 동일 용어를 다르게 표현하는 등 전문가 집단에 의한 통일된 용어 발간이나 발간된 용어집의 객관성 확보가 되지 못함에서 올 수 있는 내용도 있지만, 근거(자료) 없는 임의적 해석이 더욱 혼란을 가중시키게 된다.

　본 도서의 번역에서 사용되는 용어 및 내용들은 국내 자료를 포함하여 가능한 명확한 출처에 근거하여 임의적 의미의 확대 등을 자제하고자, 해파리 형태 설명의 명칭 및 학술적 용어는 최근 발간된『생명과학대사전』(강영희 편, 2008) 및『생물학 용어집』(제2판)(한국생물과학협회 편, 2005)에 준하였다. 그리고 해파리의 한글 명칭은 박중희 교수의 논문(한국동물분류학회지, 2000, 2002, 2003, 2004)을 비롯하여 현장관찰용 북으로 편찬한『한국 연안의 해파리』(국립수산과학원, 2004) 및『해파리의 침공』(진재운, 2004)에 공통으로 등장하는 것은 그 명칭을 그대로 사용하였다. 그러나 문헌에 따라 다소 차이가 있거나 분명히 잘못 소개하는 내용(예를 들어 노무라입깃해파리의 일본명은 Echizen해파리이나, 진재운(2004)은 큰덤불해파리로 표기) 및 다르게 소개한 것은 일본명이나 영어명을 참고하여 해파리 형태와 관련이 큰 이름을 사용하였다. 다만, 노무라입깃해파리와 같이 종명에 의미 부여가 어려운 명칭(본문 참조)은 국내에서 사용되는 다른 명칭(큰덤불해파리)을, 그리고 아직 국내에 출현 기록이 없는 해파리에 대해서는 해파리의 형태에서 유래한 것을 번역하여 그대로 사용하였고, 외국지명이 붙은 해파리 명칭은 해파리의 형태적 특징 및 학명의 변화 과정을 고려하여 새로운 한글명을 사용하였다. 한 예로 *Rhopilema esculenta*의 일본명은 Hizen해파리이나, 국내에는 출현이 없고 식용으로 하면서 외부 형태가 큰덤불해파리(노무라입깃해파리)와 일부 부속기에서 차이를 보이는 등 혼동되기 쉬운 종이기에(본문 내용 참조), 큰덤불해파리에 상응하여 작은덤불해파리라는 이름을 사용하였다.

그리고 일본어 번역으로 이해하기 어려운 용어 및 내용에는 역자가 주석으로서 보완 설명을 하였으며, 1장의 끝부분에는 국내에서 처음으로 해파리에 대해 구체적 설명을 기술한 『현(자)산어보』(정약정, 1814)의 내용을 이태원(2002)의 번역문을 인용해 과거 해파리의 형태 표현과 이용 방법 등을 부언하였다. 또한, 3장의 동해/일본해에서의 거대 해파리 이동에 대한 내용은 매우 구체적이나 동해/일본해로 유입하기 이전인 한국 연안 및 양쯔강 하구역의 내용에 대해서는 많은 부분이 역자가 받아들이기 어려운 내용들로 기술되고 있다. 이에 따라 3장의 끝부분에는 기존 번역문과는 별도로 역자가 수집한 자료를 근거로 원저자가 설명하는 내용과는 다소 다른 거대 해파리의 발생 해역과 동중국해 및 한국 남해에서의 이동 경로의 이론을 제시하였다. 이 부분 참고로 검토할 수 있었으면 한다.

본문의 일본 지명 및 해역 명칭은 로마자 표기에 의해 일본식 명칭과 한자를 병기하였고, 부록으로는 본서에 도(현) 단위 이상의 행정구역은 지도 위에 표시하여, 국내 독자의 이해를 쉽게 하였다(부록 1). 그리고 이해하기 쉽지 않지만 시 단위 이하는 일본의 지방구분을 참조하여 도표로서 각 지역에 속하는 지명을 한자와 로마자 표기로 일본명을 정리하였다(부록 2). 또한 본문에서 동해/일본해는 우리나라 동해를 일본에서는 일본해로 표기하고 있으며, 본서에서는 동해에서도 일본열도 측의 연안 해역을 주로 나타내고 있지만 오해를 없애기 위해 병기하였다. 특히 해파리 이동 및 해역적으로 중요한 지역 및 해역인 쓰가루(津輕) 해협, 세토나이카이(瀬戸内海), 노토(能登)반도 등은 지도 위에 A, B, C(부록 1)로 표현하여, 이동 경로를 이해하기 쉽게 하였다.

부디 본 번역서가 국내에서 해파리에 대한 자료수집 등에 목말라하는 모든 사람들에게 조금이나마 도움이 될 수 있었으면 하는 희망이다.

2008년 12월
윤양호(尹良湖)

차례

2장 보름달물해파리

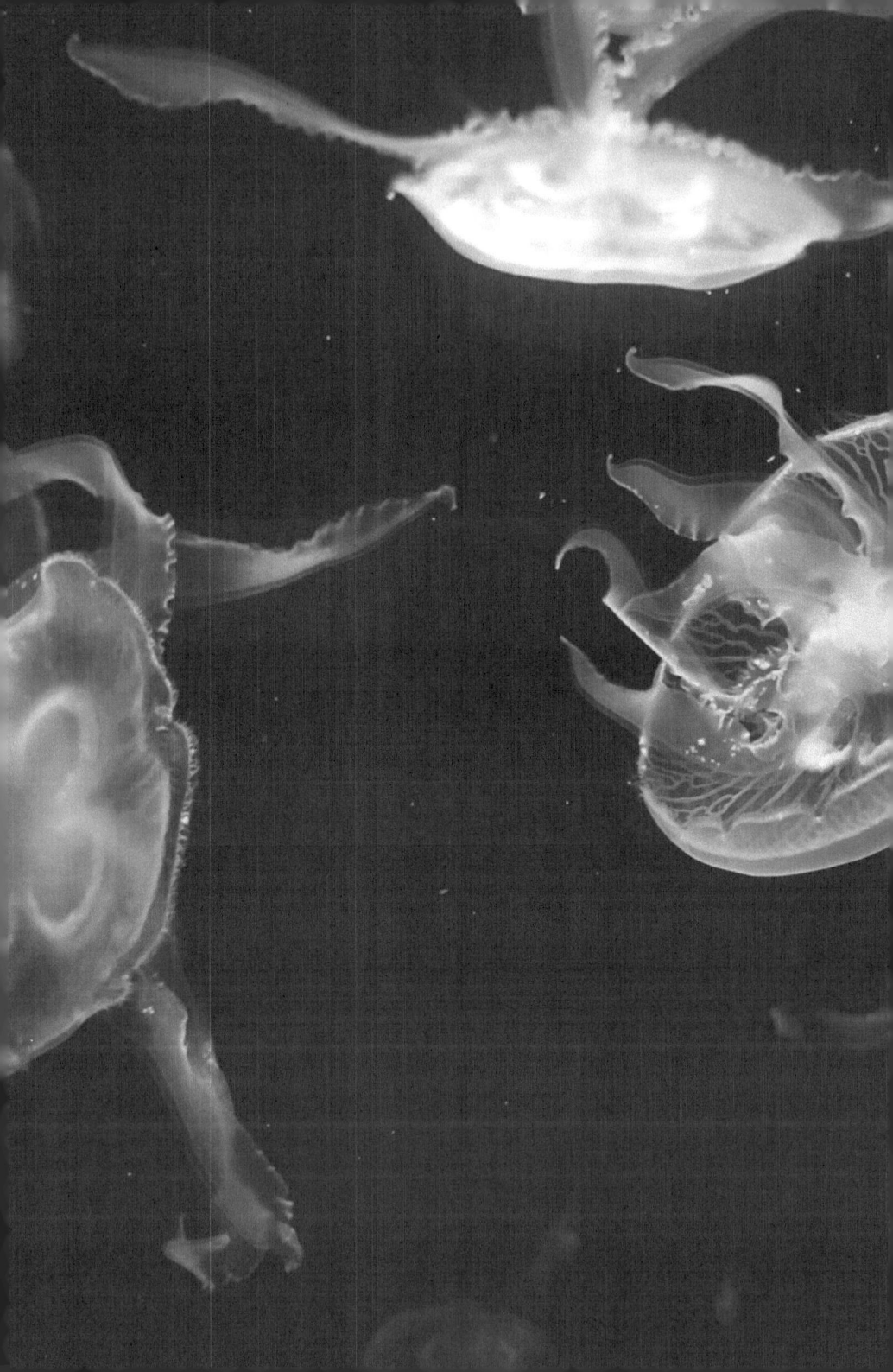

1장 불가사의한 생물 해파리

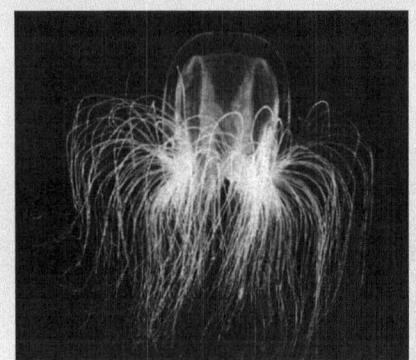

▶ 해면에서 침강하는 무희나선꼬리해파리

▶ 모자반류에 부착한 나팔꽃해파리

1. 해파리는 '쏘는' 동물

동물분류상 매우 하등동물에 속하는 그룹에 강장동물이 있다. 강장동물은 크게 나누어 두 개 그룹이 있다. 대부분은 다른 동물에서는 볼 수 없는 수십 μm 전후의 특수한 '자포(刺胞, nematocyst)'를 여러 개 가진다는 특징을 보인다. 이는 적으로부터 자기를 방어하거나 먹이를 획득할 때 사용한다(그림 1-1).

자세포(刺細胞, c(i)nidoblast)의 앞부분에는 자침이 있고, 이것에 물체가 스치거나 급격한 압력 또는 물 흐름의 변화가 있으면 캡슐에 코일 형태로 있던 자사(刺絲, netting thread, filament)가 거꾸로 회전하는 것처럼 튀어나와 상대에게 독액을 주입한다. 자포라는 특별한 세포를 가지기에 자포동물(刺胞動物, Cnidaria)이라 한다. 자포동물에서 담수나 해수에서 플랑크톤(부유) 생활을 하는 것을 총칭하여 '해파리'라 하며, 해파리는 담수에도 서식하지만 바다에 사는 종이 훨씬 많다. 특히 바다에 서식하는 자포동물 중에서 부드러운 젤라틴으로 몸을 구성하는 종들은 젤라틴 플랑크톤이라는 큰 그룹을 형성한다. 단, 넓은 의미에서 자포를 가지지 않은 소수 그룹인 유즐(有櫛) 해파리류[1]까지를 포함하여 일반적으로 해파리라고 하는 경우가 많다. 한자로는 수모(水母), 해월(海月), 일본 고서기에는 구라하(久羅下)로 기재되어 있다. 이 외에도 경충(鏡虫), 구량개(久良介), 해경(海鏡), 석경(石鏡), 해절(海折), 의월(擬月) 등으로 고서에서

---

1 유즐동물을 나타내지만, 원저에서 유즐동물에 속하는 일부 생물로 표현하고 있기에 유촉수 및 무촉수강을 포함하는 해파리류에 한정된 용어로서 사용함.

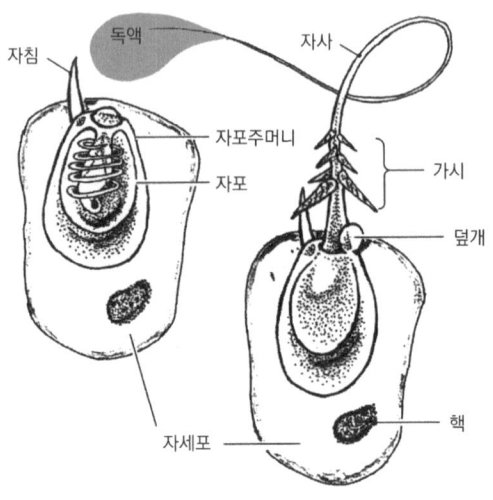

자침

독액

자사

자포주머니

자포

가시

덮개

핵

자세포

그림 1-1 | 해파리의 촉수에 있는 자세포(Schulz & Cargo, 1971 수정 작성)

그림 1-2 | 해파리의 영어명이 된 메두사의 머리와 해파리

는 표현되고 있다.[2]

영어로는 몸이 부드러운 젤리 형태를 하기에 일반적으로 jellyfish라 불린다. 조금 전문적인 명칭으로서는 자포동물에 한정하여 Medusa(e 가 붙으면 복수)로 표현되는 경우가 많다. 이는 그리스 신화에 등장하는 '영웅 페르세우스'에 의해 머리가 잘려나간 마녀 '메두사'의 심하게 흐트러진 머리 모양은 해파리의 촉수에 비유된다. 머리카락이 이미 뱀 모양을 하고 있다는 것과, 마녀의 눈을 본 사람은 바로 돌이 되어 버린다는 이야기는 매우 유명하기에 독자들도 영화나 책 등에서 이미 알고 있으리라 생각한다(그림 1-2). 즉, 본 용어는 해파리류의 헤엄치는 모습이 환상적이며, 종에 따라서는 선명한 색채를 하고 있지만, 반면 강열한 자포 독을 가지는 위험한 특성을 잘 표현한 최적의 용어일 것이다.

2. 해파리의 종류와 형태

해파리는 몸의 구조나 생식소의 위치 등으로부터

① 히드로해파리류(히드로충강 Hydrozoa, 그림 1-3, 위)

② 해파리류(해파리강 Scyphozoa, 그림 1-3, 아래)

③ 입방해파리류(입방해파리강 Cubozoa, 그림 1-4)

2　명나라 이시진이 지은 『본초강목』에서 해파리를 해차(海侘), 수모(水母), 저포어(樗蒲漁), 석경(石鏡)으로 표시하고 있다. 우리나라에서는 정약전의 『현산어보』에서 해타(海駝), 속명으로 해팔어(海八魚)로 표시하고 있고, 기타 고문서에서는 해설, 해절, 자어, 석경 등의 명칭이 등장하며(이태원, 2002), 『전지어』에서는 '물알'이라는 한글이름이 소개되어 있고, 조선조 지리지인 『동국여지승람』이나 이성지가 펴낸 어휘집인 『재물보』에서 해파리에 관한 기술이 나온다(진재운, 2004).

의 3그룹으로 구분되며, 앞에서 설명하였던 유즐해파리류(그림 1-5)가
이들에 더해진다. 여기서는 매우 간단한 해파리 몸 구조에 대해 설명
해 둔다. 우선 그림 1-3에 보이는 것처럼 히드로해파리류와 해파리류
에는 해파리 공통의 기관이 있다. 몸 중앙에 비어 있는 곳이 위(胃/胃腔,
stomach)인데, 몸속에 들어온 먹이생물은 이곳에서 소화한다. 여기서

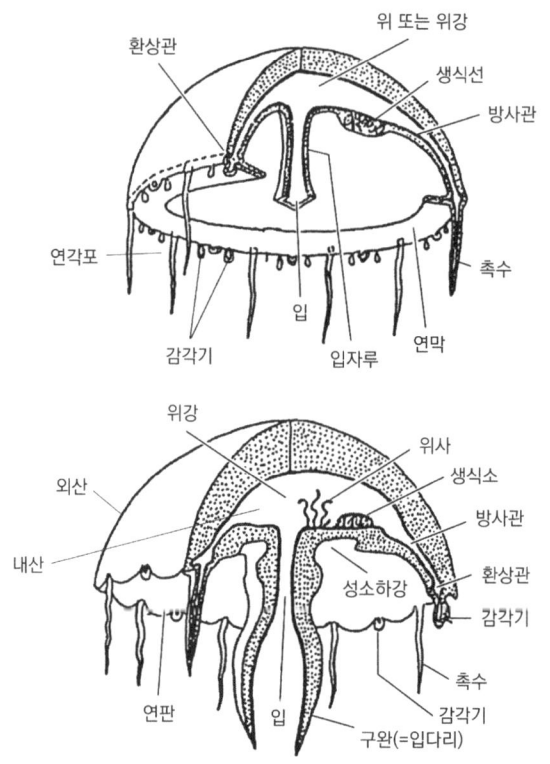

그림 1-3 | 히드로해파리류(위)와 해파리류(아래)의 형태(西村, 鈴水, 1971)

나온 가는 관을 방사관(放射管, radial canal)이라 하며, 우산의 주변까지 내려와 환상관(環狀管, circular canal)에 연결되어 있다. 가는 관은 위에서 소화된 영양분이나 해수 중의 산소를 몸의 도처에 운반하는 순환, 호흡, 그리고 배설을 겸한 역할을 한다.

다음으로 우산의 주변에서 밑으로 내린 실이나 띠 모양의 것이 촉수(觸手, tentacle)로, 많은 자포가 존재하고, 먹이를 포획하기도 하지만, 운동기관의 일부로 사용된다. 촉수 사이에는 촉수가 변형된 감각기(感覺器, sensory pit)가 있고, 종에 따라 다르지만 몸의 위치 및 평형을 유지하는 평형기(平衡器, statocyst), 빛에 반응하는 안점(眼點, ocellus) 등이 있다.

신경은 그물코 모양(확산신경계)을 나타내며, 특히 감각기를 중심으로 한 외피의 바로 밑에 신경세포가 많이 모여 있어 우산의 운동(맥박)을 보조한다. 즉, 감각기에서 받아들인 자극은 신경망에 전달되고, 신경에 접속한 근육이 수축하는 시스템이다(그림 1-6). 해파리류 각 그룹의 기타 특징은 다음과 같다.

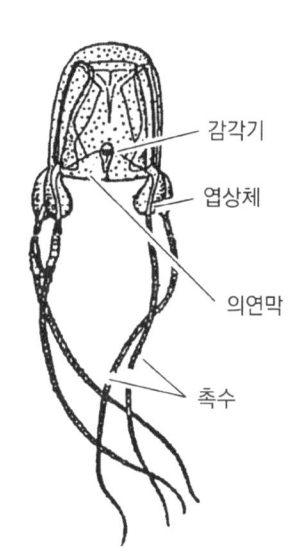

그림 1-4 | 입방해파리류(연등입방해파리)의 체형(內田, 1936)

해파리류

연판(緣瓣, marginal lappet)과 구완(口腕

=입다리, oral arm)이 발달하여 우산의 안정과 운동을 보조하며, 내부에는 소화를 담당하는 위사(胃絲, gastric filaments)가 있다. 생식소(生殖巢, gonad)는 내피에서 형성된다.(그림 1-3, 아래)

입방해파리

이전에는 해파리류에 포함되었지만, 형태가 입방형으로 감각기가 4개, 촉수가 4개밖에 없으며, 우산의 밑부분에 얇은 의연막(擬緣膜, velarium)이 있기에(그림 1-4), 지금은 독립한 무리(강)로 분류된다.

유즐해파리류

자포는 없지만 점착자포(粘着刺胞=교포(膠胞), glutinant, colloblast)라고 하는 점액을 내는 세포를 가지며, 먹이생물을 부착시켜 포획한다(그림 1-5, 오른쪽). 또, 섬모가 모인 빗판(빗板=즐판 櫛板, comb plate)으로 운동을 하며, 감각기는 잎의 반대편에 한 개만 있는 등의 특징을 나타낸다(그림 1-5, 왼쪽).

기타 각 그룹의 보다 구체적인 형태적 특징 등에 대해서는 별책(久保田, 1997; 平野·安田, 1997 등)을 참고하기 바란다.

그런데 지금까지 전 세계에 보고된 해파리는 약 3,000종 이상이나, 일본 근해에서는 약 250종이 출현하는 것으로 추정된다. 이 중, 인간 활동과 관계가 깊다고 생각되는 종은 저자가 수집한 표본이나 사진기록, 그리고 나의 머리에 깊게 각인된 종류까지 포함하면, 유즐해파리류를 포함하여 약 30종류 내외라 할 수 있다(표 1-1).

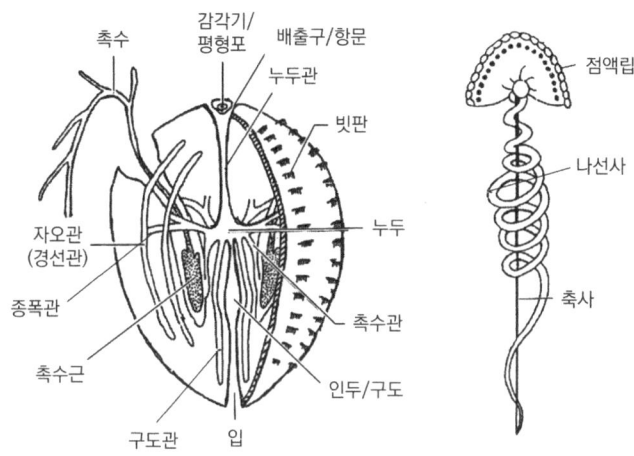

그림 1-5 | 유즐해파리류의 체형(왼쪽)과 점착세포(오른쪽)(平野, 1997; 谷田, 1960)

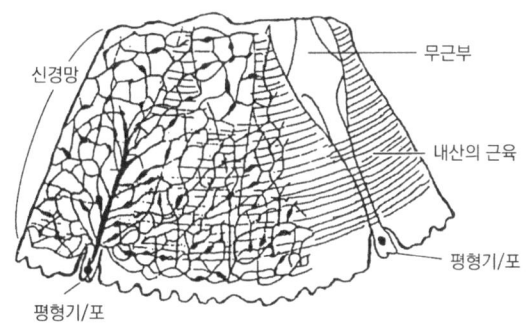

그림 1-6 | 해파리 신경의 망목구조(王重, 1975)

한국명	학명
[자포동물문]	**[CNIDARIA]**
히드라해파리강	**HYDROZOA**
외다리해파리	*Euphysora bigelowi* Maas
사다리해파리	*Climacocodon ikarii* Uchida
수양버들해파리	*Cladonema pacificum* Naumov
도플라인해파리	*Nemopsis dofleini* Maas
무희나선꼬리해파리	*Spirocodon saltator* (Tilesius)
평면발광해파리	*Aequorea coerulescens* (Brandt)
꽃우산해파리	*Olindias formosa* (Goto)
꽃모자갈퀴손해파리	*Gonionema vertens* Agassiz
부레두건관해파리	*Physalia physalis* (Linné)
예쁜관해파리	*Agalma okenii* Eschscholtz
킹카해파리	*Porpita pacifica* Lesson
입방해파리강	**CUBOZOA**
연등입방해파리	*Carybdea rastoni* Haacke
반신뱀해파리	*Chiropsalmus quadrigatus* Haeckel
해파리강	**SCYPHOZOA**
나팔꽃해파리	*Haliclystus auricula* (Rathke)
십자해파리	*Kishinouyea nagatensis* (Oka)
수양버들해파리	*Chrysaora melanaster* Brandt
유령해파리	*Cyanea nozakii* Kishinouye
사자갈기해파리	*Cyanea capillata* (Linné)
보름달물해파리	*Aurelia aurita* (Linné)
북방보름달물해파리	*Aurelia limbata* (Brandt)
새우해파리	*Netrostoma setouchiana* Kishinouye
문어해파리	*Mastigiau papua* (Lesson)
작은덤불해파리	*Rhopilema esculenta* Kishinouye
모래빛해파리	*Rhopilema asamushi* Uchida
큰덤불해파리	*Nemopilema nomurai* Kishinouye

[유즐동문문]	[CTENOPHORA]
유촉수강	TENTACULATA
풍선빗해파리	*Hormiphora palmata* Chun
감투빗해파리	*Bolinopsis mikado* Moser
나비빗해파리	*Ocyropsis fusca* (Rang)
무촉수강	NUDA or ATENTACULATA
오이빗해파리	*Beroe cucumis* Fabricius

표 1-1 | 인간과 관계가 깊은 해파리

3. 모습을 바꾸는 생활양식

우선 대표종인 보름달물해파리를 예로 들어, 성장단계에 따라 다양하게 모습이 변화하는 해파리의 기본적인 형태와 생활 패턴을 살펴본다.

가. 폴립(polyp, 무성세대)

(1) 수정란은 발생을 진행하면 일부 함몰이 시작되어 구형에서 점차 난형 또는 타원형이 된다. 이때 외배엽에 다수의 섬모를 가지는 '플라눌라(planula)' 유생(그림 1-7a)으로 되어, 모체에서 떨어져 나선운동을 하며 바다를 헤엄친다. 이 유생은 수 시간에서 수 일간 유영하다 해저의 모래나 자갈 또는 해초, 패각 등에 부착하여 섬모를 잃게 되지만, 이 시기에 부착 면과 반대쪽에 외부로 통하는 입이 형성된다(그림 1-7b).

(2) 결국 입 사이에 작고 속이 빈 돌기가 나오고, 많은 자포를 가지는 1~2개의 촉수가 된다. 촉수는 4개, 8개로 수를 증가시켜(그림 1-7c), 결국

은 16개, 때에 따라서는 20~24개가 된다. 중앙에 위치하는 입과 촉수 사이의 언덕을 누두(漏斗=위, stomach)라고 하며, 촉수가 4개 이상 될 때부터 체내의 위(胃)에 4개의 격벽(막)이 형성되어 외측에 종주근(縱走根, longitudinal stolon)이 발달한다(그림 1-7d, e). 이와 같은 형태가 된 단계의 것을 '스키포폴립, 폴립, 스키피라, 스키피스토마 (scyphistoma)' 등으로 부르며, 육상식물의 선인장과 유사한 다양한 형태로 출아(出芽, budding)에 의한 무성생식을 한다(나중에 설명).

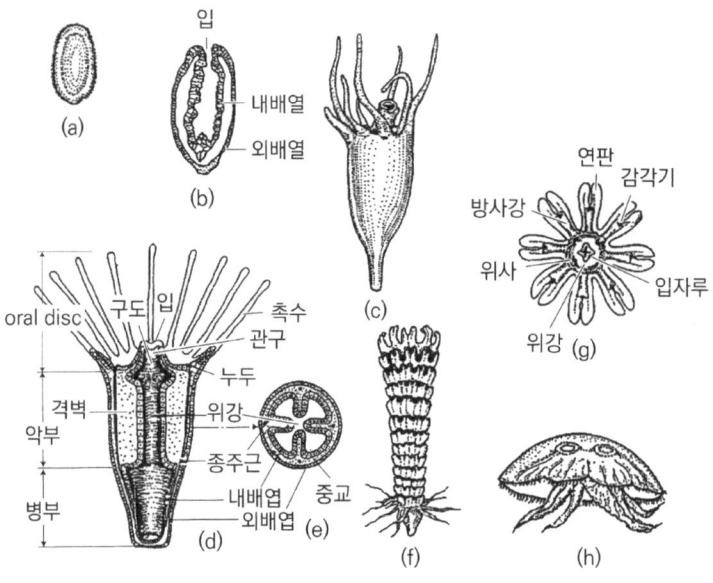

a: 플라눌라 b: 섬모를 잃고 부착한 종단면 c: 폴립 d: 폴립의 종단면 e: 폴립의 횡단면(화살표의 위치)
f: 횡분체(strobila, 무성세대) g: 에피라(ephyra, 어린 해파리) h: 성체 해파리(유성세대)

그림 1-7 | 보름달물해파리의 성장단계(Rusell, 1970; 安田, 1988)

⑶ 폴립(polyp)은 이후 몸에 여러 개의 잘록한 부분이 생기는데, 이를 환구법(環溝法) 또는 횡분열(橫分裂, strobilation)이라고 한다. 이 상태가 된 것을 횡분체(橫分體, strobila, 그림 1-7f)라 하며, 위에서부터 한 장씩 유생 해파리(ephyra)가 된다(그림 1-7g).

나. 해파리(유성세대)

유생 해파리

부유생활에 들어간 에피라는 꽃잎 모양으로 8쌍의 연판(緣瓣)을 가지며, 앞부분의 홈 파인 곳에 감각기를 가진다(그림 1-7g). 입은 돌출하여 입자루(manubrium)로 변화한다. 에피라의 발육이 진행된 것을 '메디피라'라 하며, 이것이 성장하여 어린 해파리가 된다.

성체 해파리

성체가 된 어린 해파리(그림 1-7h)는 원형의 방사대칭형으로 옆에서 보면 얕은 화분 또는 우산모양을 하고 있다. 성숙하면서 암컷과 수컷 어느 쪽으로 성장한다. 즉, 이 시기는 자웅이체(雌雄異體, dioecism)로서 성의 구별이 분명한 유성생식을 한다.

이와 같이 보름달물해파리를 비롯하여 다른 해파리류의 대부분은 정착에 적합한 체형으로 무성생식을 하는 폴립형과 플랑크톤(부유) 생활을 하면서 유성생식을 하는 해파리형이 교대로 출현한다. 이것을 세대교대(世代交代, alternation of generation)라고 한다.

1829년 이른 여름 노르웨이 베르겐 연안에서 당시 신학을 공부하던

M. Sars에 의해 보름달물해파리의 폴립과 횡분체가 처음으로 발견되었다. 그는 이를 사육한 결과 에피라로 성장하여, 결국 어린 해파리로 성장하는 것을 처음으로 실증했다. 그 이후 해파리류는 많은 연구자들에 의해 발생, 형태, 분류, 조직 및 생리학 등의 다양한 분야에서 연구 대상 생물로 다루어져 현재에 이르고 있다.

4. 해파리의 다양성

다음으로 사람의 활동과 관계가 깊은 해파리와 저자의 마음에 깊이 각인된 해파리를 독단적으로 선택하여 소개한다. 또 가장 유명한 보름달물해파리와 큰덤불해파리에 대해서는 2장과 3장에서 상세하게 소개한다.

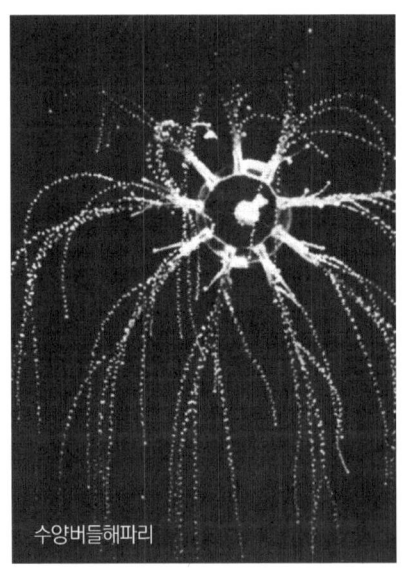
수양버들해파리

가. 수양버들해파리
Cladonema pacificum Naumov
우산은 원통형으로 윗부분은 반구형, 우산 지름이 3~4mm, 높이가 4~5mm의 아름다운 소형 히드로해파리의 일종이다. 우산 속에 방사관이 9개 있는 것이 특징이며, 입이나 촉수의 밑부분은 옅은 레몬색이고, 촉수는 오렌지색이다. 나뭇가지발해파리라는

일본명에서 보는 것과 같이 촉수 앞부분이 3~4개의 가지로 나누어져, 각각의 가지에서 3~4개의 짧은 촉수를 가진다. 이 촉수는 몸을 지탱하고 해조 위를 기어 돌아다닐 때에 사용된다. 자포 독은 약하다.

분포는 넓고, 홋카이도(北海道)에서 혼슈(本州) 및 규슈(九州) 연안에 분포하여, 모자반류가 번성하는 해조장에서 봄부터 여름에 걸쳐 출현한다. 해조에 부착하고 있을 때가 많지만, 촉수를 완전하게 뻗어 이동하거나 유영하는 모습은 매우 화려하며, 바닷속 작은 수양버들을 보는 것과 같다(원색 사진 2).

나. 도플라인해파리 *Nemopsis dofleini* Maas

*Bougainvillia*에 속하고 우산은 범종형이다. 우산 지름은 1cm, 높이가 1~2cm의 아름다운 소형 히드로해파리이다. 우산은 투명하며 4개의 방사관은 우유색이고, 생식소는 방사관을 따라 반 정도까지 신장된다. 연한 오렌지색으로 방사관의 밑부분에는 다수의 촉수가 발달한다. 중앙에 있는 한 쌍의 촉수는 짧고 위를 향하는 것이 특징이며, 자포 독은 약하다.

일본명은 독일의 생물학자

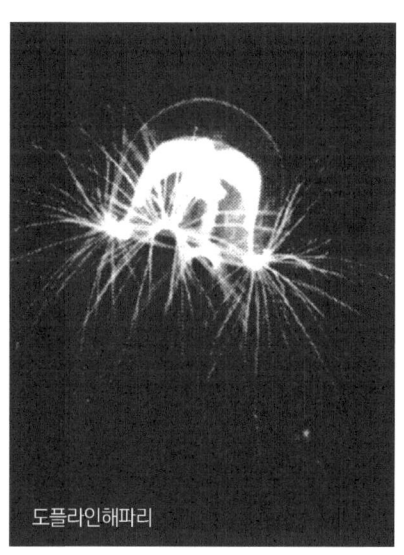

도플라인해파리

도플라인(F. Doflein)이 동경만에서 채집한 표본에서 명명하였기에 붙여졌다고 한다. 홋카이도(北海道)에서 혼슈(本州) 연안 및 내만 해역에서 이른 봄부터 이른 여름에 걸쳐 출현한다. 유영하는 모습은 오렌지색의 십자가를 담은 수정구와 같으며, 바다에 봄이 왔음을 알리는 플랑크톤의 대표 종으로 보아도 좋을 것이다(원색 사진 3).

다. 무희나선꼬리해파리 *Spirocodon saltator* (Tilesius)

우산은 원통형으로 윗부분은 반구형, 우산 지름은 5~6cm, 높이가 10cm에 달한다. 일본 특산의 아름다운 대~중형의 히드로해파리로 4개의 방사관은 좌우로 분리되어 있다. 우산의 테두리는 8등분 되어, 각 부분에서 다수의 긴 촉수가 다발 모양으로 머리카락과 같이 밑으로 내려지기에 머

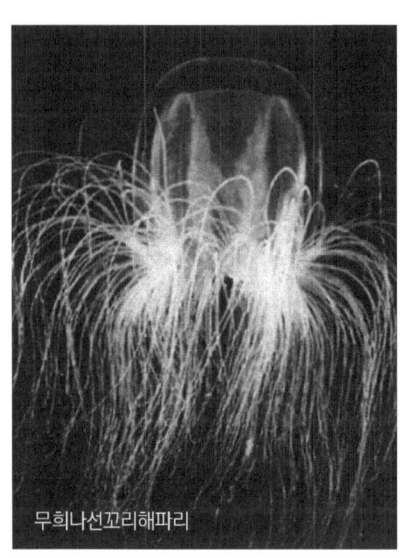

무희나선꼬리해파리

리카락해파리라는 일본 이름이 붙여졌다. 우산의 색은 반투명이며, 입주변이나 4개의 방사관은 옅은 청색이고, 소용돌이 모양의 생식소는 오렌지색이다. 방사관에서 나뭇가지 모양으로 나누어진 그물코 모양의 가는 관은 옅은 오렌지 또는 핑크색이기에, 그물 광주리를 덮어 쓴 것과 같다. 촉수의 밑부분이나 감각기의 안점

은 모두 선명한 빨강색 또는 핑크색을 나타낸다. 일반적으로 색이 선명한 해파리는 자포 독이 강하지만, 본 종은 예외적으로 위험성이 거의 없다.

혼슈(本州)에서 규슈(九州) 연안의 파도가 없는 연안 및 내만 해역에 봄부터 초여름에 걸쳐서 출현한다. 어느 수심까지는 낙하산과 같이 내려가지만, 그 이후는 해수를 제트 식으로 뿜어내면서 부상한다. 이와 같은 리드미컬한 운동양식은 매우 화려하고 유머러스하기에 보는 사람으로 하여금 느긋한 마음을 가져오게 한다. 또 해파리의 각각의 촉수에는 다수의 안점을 가지고 있기에 빛에 대한 자극과 반응을 조사하는 생리 실험에 좋은 재료가 된다(원색 사진 4).

라. 발광평면해파리 *Aequorea coerulescens* (Brandt)

우산은 옆으로 평평한 반원상의 밥그릇 모양을 나타내며 한천질은 두껍다. 우산 지름은 5~10cm로, 때에 따라서는 20cm가 넘는 것도 있는 대~중형의 히드로해파리이다. 가는 관모양의 방사관은 60~100개 이상 있고, 그 위에 생식소가 발달한다. 우산의 색은 전체적으로 투명하며, 방사관이나 생식소 및 우산의 가장자리에 정렬된 100개 이상의 촉수는 옅은 청색 또는 코발트색을 나타낸다. 혼슈(本州)에서 외양과 인접하는 연안 해역에 봄

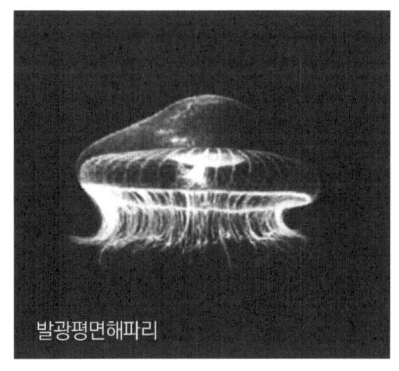

발광평면해파리

부터 여름에 걸쳐 출현한다. 최근 동해/일본해 쪽에서는 보름달물해파리와 혼재하여 채집되는 경우가 많다. 우산의 가장자리와 생식소가 야간에 발광하는 것으로 알려져 있으며, 그 발광 단백질은 최근에 유전학이나 농학·의학 분야에 이용된다(원색 사진 5).

마. 꽃우산해파리 *Olindias formosa* (Goto)

우산은 거의 평평한 반구형으로 우산 지름은 4~5cm 정도가 많지만, 때에 따라서는 10cm가 넘는 경우도 있는 중형으로 가장 컬러풀한 아름다운 히드로해파리이다. 방사관은 4~6개이며, 방사관을 따라 생식소가 발달한다. 우산의 가장자리에 있는 실모양의 촉수는 십수 개이나, 기타 곤봉 모양의 짧은 촉수가 우산의 가장자리 외에 우산의 위쪽에 있는 것이 특징이며, 그 수는 100개 이상이다. 이 변형된 촉수는 앞부분에 아름답고 선명한 핑크, 자색, 녹색, 검정 등을 나타낸다. 자포의 독이 강한 위험한 종으로, 쏘였을 경우에는 중상 또는 사망한 예도 알려진다.

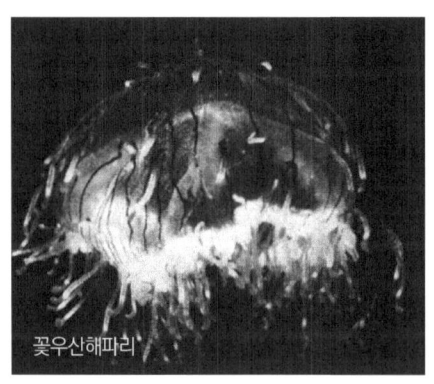
꽃우산해파리

혼슈(本州) 중부에서 규슈(九州)의 연안 해역에 봄부터 이른 여름에 걸쳐 출현하지만, 그의 생태에 대해서는 거의 보고된 예가 없기에 앞으로의 조사 및 연구결과를 기대한다(원색 사진 6).

바. 부레두건관해파리 *Physalia physalis* (Linné)

관해파리 그룹의 일종으로 하나
의 관상 줄기에 다수의 폴립이나
해파리형의 개체들이 모여 연결
된 군체성 해파리이다. 부레두건
을 닮은 물에 뜨는 봉지 모양은
기포체(氣泡體, pneumatophore)라
고 부르며, 그 속에는 질소(N)나
일산화탄소(CO) 가스로 가득 채
워져 해면에 부유하는 역할을 한
다. 통상 10cm 전후의 것이 많

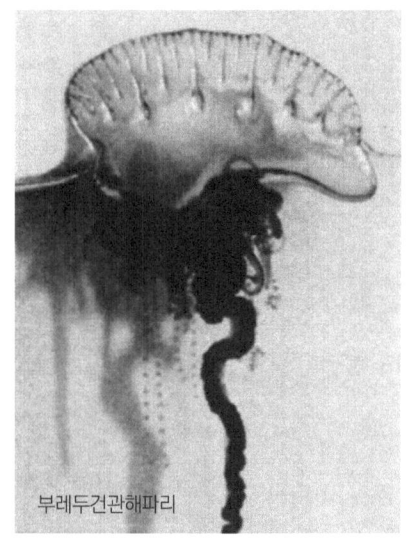

부레두건관해파리

지만, 가끔 20~30cm 크기인 것도 있다. 색은 선명한 청색 또는 코발트
색이나, 드물게 오렌지색을 띠는 경우도 있다. 기포체의 밑에는 다수의
폴립이 나열되어, 소화를 담당하는 영양체, 생식소가 만들어진 생식체
(生殖體, gonophore)의 역할로 나누어지는 것 외에 먹이를 포획하거나 방
어를 위해 끈 모양의 촉수가 여러 개 있으며, 그중에 특히 두껍고 긴 주
촉수는 15cm 이상에 달한다.

촉수에는 100만개 이상의 자포가 나열되어 있고, 자포 독은 강열하
여 한 마리 코브라 독의 75% 이상에 필적한다. 쏘임을 당한 경우는 매
우 큰 고통을 느끼게 되며, 지렁이처럼 부풀어 오르기도 하고, 졸도하거
나, 국외에서는 사망한 예도 있다. '전기해파리'라는 또 다른 명칭은 강

한 독에서 유래했을 것이다.

전 세계 난류해역의 외양에서 출현하며, 일본에서는 여름이 끝날 무렵 외양에 인접한 연안에 접근하여 쏘임 사고의 원인이 된다. 본 종의 일본명은 가다랑어가 쓰고 있던 두건(烏帽子)을 일본 근해에서 벗어 던진다는 속신(俗信)에 의한 것이라고 한다(원색 사진 7).

사. 킹카해파리 *Porpita pacifica* Lesson

이전에는 관해파리류로 취급되었지만, 최근 그 형태로부터 반해파리 (chondrophora) 그룹으로 분류하는 군체성 해파리이다. 키틴질로 된 원판 모양의 부주(浮舟)를 가지며, 그 지름은 3~4cm이고, 밑부분에 많은 영양체가 된 폴립이 군집으로 서식한다. 쟁반의 중심부는 은색으로 그 주변에는 짧은 가지를 가지는 감촉체(感觸體, palpon)가 있고, 부주 주변과 감촉체는 선명한 청색 또는 코발트색이며 드물게 오렌지색이 되는 경우도 있다.

본 종의 자포 독은 꽤 강하며, 전 세계의 난류해역에 분포한다. 일본

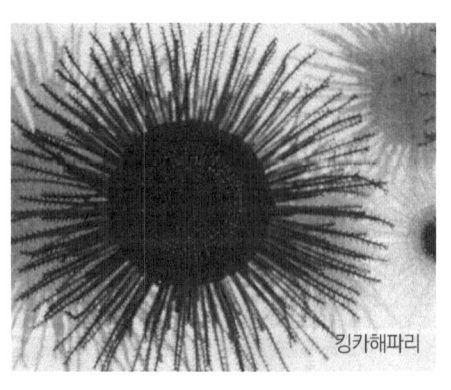

킹카해파리

에서는 여름부터 가을에 출현한다. 최근 동해/일본해 연안에 표착하는 경우가 많아지고 있으며, 때에 따라서는 참돔이나 자주복의 양식장에 대량출현하여 양식업자나 어업인을 괴롭힌다(원색 사진 8).

아. 나팔꽃해파리 *Haliclystus auricula* (Rathke)와
십자해파리 *Kishinouyea nagatenis* (Oka)

원색 사진 9와 10을 보면, 사진으로부터 무엇인가 느낄 수 있을 것이다. 실로 양쪽 모두 위풍당당한 해파리로서 해파리강 십문자해파리 그룹에 속하는 대표종이다. 해파리강은 필수적으로 '해파리'로서 부유시기가 있는 것이 일반적이지만 본 해파리는 예외적으로 해조의 모자반류나 해초인 잘피류에 부착하여 일생을 보낸다.

우산은 나팔꽃 형태이고, 우산 지름, 길이 모두가 1~3cm의 소형종이다. 우산색은 옅은 오렌지색이며, 생식소는 성숙하면 짙은 오렌지색이된다. 우산의 중앙에서 파이프 모양의 입자루(폴립에 해당)가 나오며, 이것에 의해 매달려 있다. 즉, 이 해파리는 해파리형과 폴립형이 합체된 상태로 보아도 될 것이다. 이동할 때에는 자루를 떠나 자벌레처럼 움직인다. 우산의 가장자리에는 8개의 감각기가 있고, 그 사이의 앞에 사마귀 모양

나팔꽃해파리

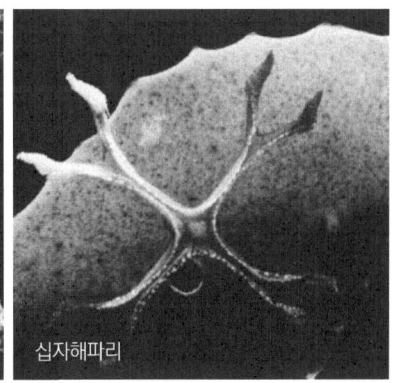
십자해파리

의 촉수가 있다. 촉수로 작은 옆새우나 단각류인 바다대벌레(*Caprella*), 때에 따라서는 소형 권패 등을 포획하여 먹는다(원색 사진 9).

십자가 모양을 하고 있어 그 이름을 갖게 된 십자해파리는 우산의 앞이 두 개로 분리되어 8개의 입자루가 되며, 크기 1~3cm의 소형종이다. 몸의 구조는 나팔꽃 해파리와 거의 같지만 군데군데 백색 또는 은색의 반점이 있다(원색 사진 10).

두 종 모두 자포의 독은 미약하고 일본 연안의 해조장에 서식하며, 이른 여름부터 가을까지 출현한다. 겨울부터 봄에는 식물의 씨앗 형태가 되어 모래나 자갈 사이에 있는 것이 관찰되었다. 전자는 바닷속에 찬란한 샹들리에(chandelier), 후자는 온통 은으로 장식한 십자가와 같이 보인다. 일본 연안에서 앞으로도 매립공사가 계속 진행된다면 이들과 같이 유영하지 않은 아름다운 해파리를 일본 근해에서 볼 수 없게 될 것이다.

자. 붉은쐐기해파리 *Chrysaora melanaster* Brandt

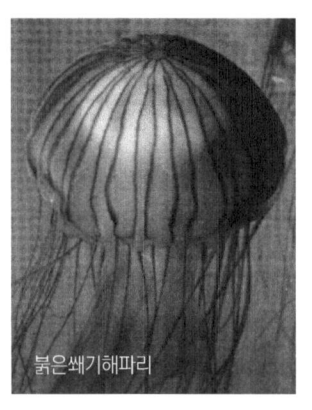

붉은쐐기해파리

일본 근해에서 극히 일반적으로 발견되는 해파리이다. 우산은 반구형, 우산 지름은 10~20cm의 중형 해파리로, 가는 띠 모양의 촉수는 40~50개가 있고, 길이는 2m를 넘는 경우도 있다. 그 때문에 긴다리해파리, 실해파리라는 이명(異名)을 가졌다. 4개의 입자루는 펄럭펄럭거리는 리본 모양으

로 최대 50~60cm에 달한다(원
색 사진 11).

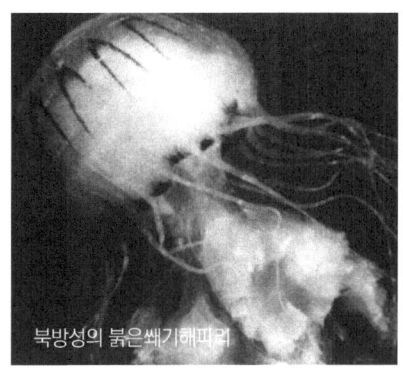
북방성의 붉은쐐기해파리

우산 색은 전체가 베이지색이
며, 우산 위에는 중심에서 퍼지
는 진한 차 또는 오렌지색을 한
16개의 띠 모양의 무늬가 있다.
이것이 일본의 군기 모양과 비슷

하기에 연대기해파리라고 부르는 지방도 있다. 생식선은 4개로, 말발
굽 모양이다. 성숙해 감에 따라 진한 베이지색이 된다. 긴 촉수에 있는
자포 독은 소형일지라도 강렬하여 자치어를 포획하여 먹이로 한다. 자
망, 정치망에 많은 양이 입망되어, 어업자를 곤란하게 하기도 하고, 수
영 훈련 중의 해상보안학교 생도가 쏘여 중상을 당한 예도 있다. 촉수
나 구완을 건조한 분말이 재채기를 유발하는 것으로도 알려져 있으며,
Haction[3] 해파리라고도 불리는 등 많은 이름을 가지고 있다.

통상의 유영 수심은 30m 이내이고, 봄부터 여름에 걸쳐 번식하고,
생활사는 보름달물해파리와 거의 같지만, 수명은 1년 이내로 생각된다.
일본 근해의 외양에서 연안, 내만의 외양수가 영향을 주는 수역에 늦은
봄부터 이른 가을에 걸쳐 출현한다. 최근에는 쓰시마난류 해역에 광범위
하게, 그것도 종종 대량으로 출현하고 있다. 본 종과 근연관계에 있는 북

---

3 일본에서 유명한 애니메이션 작품 및 비디오 게임에 등장하는 마왕의 이름

방성 붉은쐐기해파리 일종 *Ch. hysocella* (Linné)도 그 형태, 생태, 독성 등이 붉은쐐기해파리와 거의 같지만, 사람을 쏘는 사고 외에도 연어, 송어의 유자망 어업에 피해를 준다고 알려져 있다(원색 사진 12).

차. 사자갈기해파리 *Cyanea capillata* (Linné)

우산은 원반형의 얕은 접시 모양이고, 우산 지름이 30~40cm 이상 되는 대형 해파리강의 일종이다. 우산의 중앙과 가장자리는 조금 부풀어 오르고, 색은 밀크 또는 베이지색이며, 때에 따라서는 무색에 가까운 것도 있다. 연판은 크고, 16장이며, 그 중앙을 달리는 방사관은 망목상이 되지 않은 것이 이 해파리의 특징이다. 위강에서 16개의 방사관이 펴지며, 입은 사각형으로 구완은 옅은 커튼 모양을 나타낸다. 생식소 밑에 있는 성소하강(그림 1-3, 아래)은 둥근 기미가 있는 이등변삼각형에 가깝다. 우산이 갈라진 틈의 깊은 부분 내측에 긴 촉수가 밑으로 내려지며, 길이는 우산 지름의 3~4배 이상 된다. 촉수가 적벽돌 또는 짙은 베이지색이기에 영어명은 lion's mane jelly(수사자의 머리털 같은 해파리)라 불린다. 자포 독은 강하다(원색 사진 13).

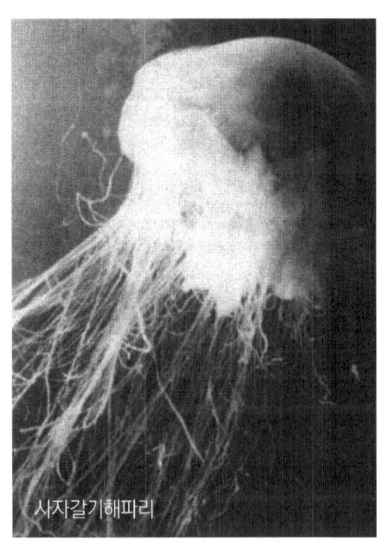

사자갈기해파리

　한류의 영향을 받는 해역에 분

포하며, 일본에서는 아오모리(靑森)현 이북에서 홋카이도(北海道)까지, 기타는 사할린 연안 및 근해에서 봄부터 가을에 걸쳐 출현한다. 발트해와 같은 북쪽 해역에서는 나중에 설명하는 큰넘불해파리보다 크게 되어 우산 지름이 2.5m, 길이가 40m나 되는 것이 서식한다고도 한다. 이 초거대 해파리에 대해 상세한 정체가 관측되어 그 기록이 발표되는 것을 기대하는 것은 저자만의 생각은 아닐 것이다.

카. 문어해파리 *Mastigias papua* (Lesson)

문어해파리

우산은 반구형이고, 우산 지름은 8~15cm의 중형 해파리강의 일종으로, 우산의 한천질은 두껍고 딱딱하다. 우산 주변에는 80장의 꽃잎 모양의 연판을 가진다. 우산의 색은 베이지 외에 선명한 오렌지 또는 우유색의 원형이나 타원형의 반문이 다수 정렬하고 있다. 엷은 청색, 녹색이 되는 개체도 있다. 우산의 베이지색은 공생하는 작은 갈조류에 의한 것으로, 공생조류의 광합성에 의해 해파리는 생산된 유기물이나 산소(O_2)의 공급을 받는다(원색 사진 14).

우산 밑에는 8개의 구완이 있고, 짧은 촉수와 먹이생물을 잡아 넣는 1mm 전후의 흡(수)구(吸(水)口, suctorial mouth)가 있다. 구완의 밑에는 긴 막대 모양의 부속기가 밑으로 내려져, 유영을 보조하기 위한 운동기관이 되어 있다. 반구형의 우산과 긴 부속기의 외형이 문어와 매우 비슷하기에 문어해파리라는 일본명이 붙어 있다. 자포 독은 미약하고 생식소는 말발굽 모양이다. 플라눌라에서 변태한 폴립은 어미의 시체 등을 먹이로 삼아 성장하며, 한 개체의 에피라를 형성하여 증식한다.

파라오의 염호에서는 주야에 따라 출현 수층이 변화하여 밤에는 저층에 낮에는 표층 가까이 부상하는 것으로 알려져 있다. 이것은 공생하는 조류의 광합성을 유익하게 하기 위한 것으로 판단된다. 열대, 아열대의 바다에서 알려지고 있으며, 동해/일본해 쪽에서는 니카타(新潟)현, 태평양 쪽에서는 이바라키(茨城)현 이남에 분포한다. 주로 파도가 없이 조용한 연안 및 내만 해역에 여름부터 가을에 출현한다. 이용 가치는 없지만 헤엄치는 모습이 유니크하고, 소형 개체는 매우 귀여워 최근 애완동물로 많이 사육된다.

타. 작은덤불해파리 *Rhopilema esculenta* Kishinouye 및
모래빛해파리 *Rh. asamushi* Uchida

우산은 반구형으로 그 지름은 20~30cm, 최대 70cm(30~40kg) 이상에 달하는 대형 해파리강의 일종이다. 우산의 한천질은 두껍고 딱딱하다. 우산 주변에는 꽃잎 모양의 연판이 110장 이상 있고, 전체는 청색 또는 코발트색을 나타낸다. 가끔 오렌지색을 나타내는 것도 있다. 성소하강은 타원형 또는 신장 모양으로 작은 돌기를 가지는 것이 다른 해파리와 구별하는 경우 중요한 포인트가 된다.

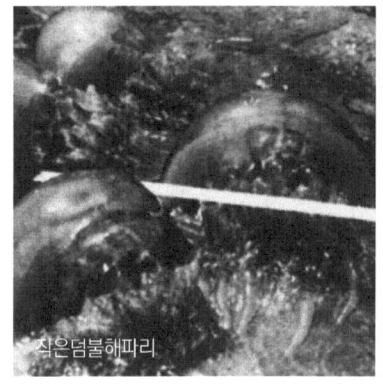
작은덤불해파리

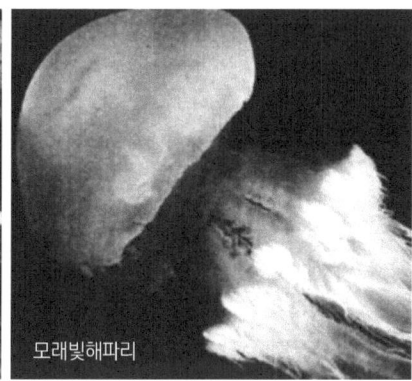
모래빛해파리

외형은 컬리플라워(cauliflower, 양배추의 변종)와 같이 8개의 구완을 가지며, 그 위쪽에는 삼각형의 어깨판[肩板(견판), pterygoda]이라고 불리는 8개의 부속기가 있다. 그것의 위쪽, 중간 그리고 밑쪽에서 다수의 촉수 이외에 몇 개의 채찍 모양과 거룻배 모양을 한 다수의 부속기가 밑으로 내려져 있다. 촉수나 부속기는 옅은 우유색이나 무색의 경우가 많고, 자포 독은 약하다(원색 사진 15).

식용 해파리로 알려져, 우산이나 구완의 부분을 물로 씻어내어 소금이나 명반에 절이면, 특유의 오독오독 씹히는 감촉과 맛이 있어 중화요리의 좋은 재료가 된다.

중국, 한국 이외에 일본에서는 태평양, 세토나이카이(瀬戸内海), 규슈(九州), 와카사(若狭)만 연안에 분포하며, 이른 여름부터 가을에 걸쳐 출현한다. 옛날에 히젠해파리라는 일본명의 유래가 된 주 생산지로, 현재의 오카야마(岡山)현[옛 지명은 히젠(備前)]이 유명하지만, 지금은 규슈의 아리

아케카이(有名海) 일부 지역에서만 본 해파리의 어업을 볼 수 있다.

　본종과 근연으로 구완의 앞부분에 날카로운 부속기를 가지는 우산 지름 20~40cm인 옅은 녹색 또는 오렌지색의 모래빛해파리가 주로 동해/일본해 연안 외에 무츠(陸奧)만에서도 출현하며, 식용이 되는 것으로 알려져 있다. 이 해파리는 작은덤불해파리와 형태상으로 차이가 매우 적기에 최근에는 같은 종으로 보는 연구자도 있다(원색 사진 16).

파. 연등입방해파리 *Carybdea rastoni* Haacke

본 해파리는 이전에 해파리강으로 분류되었지만, 그 특이한 형태로 인해 최근에는 입방해파리강으로 독립되었다. 우산은 행등(行燈)해파리라는 일본명에서 알 수 있듯 연등과 비슷한 상자 모양으로, 우산 폭은 2~3cm,

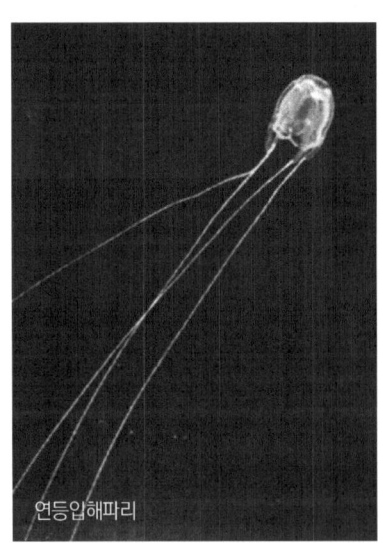

연등입해파리

높이가 2~3cm, 최대의 경우도 4~5cm인 소형 입방해파리강이다. 위강은 8각형으로 우산 4개의 각 밑쪽에 엽상체(葉狀體, pedalium)라고 불리는 부풀어 오른 곳이 있고, 그 가운데 한 개의 촉수가 관통한다(그림 1-4, 원색 사진 17).

　4개의 촉수는 자유롭게 뻗을 수 있으며, 그 길이는 우산의 10배 이상에 달한다. 우산의 색은 거의 투명에 가깝고, 촉수의 색은 옅은 핑크이기에 발견하기가 어렵다. 우산의 밑쪽에서 조금 위에 4개의 감각기가 있고, 평형기 이외에 6개의 렌즈를 가진 눈을 지닌다. 그 때문에 빛의 양과 명암의 식별에 매우 우수하여, 1.5m 떨어진 성냥의 밝기를 정확히 인식할 수 있다. 또 협소한 항구에서

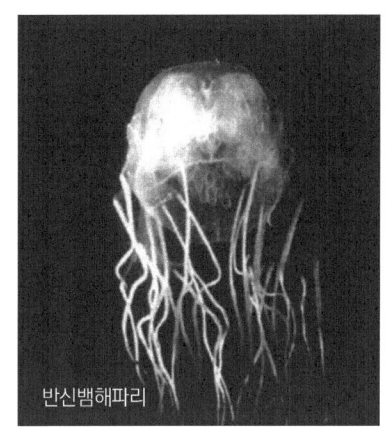

반신뱀해파리

무리를 지어 유영하는 경우에도 선박이나 부이 등의 부유물에 충돌하는 일이 전혀 없다. 유영력도 매우 우수하여 1분에 6m의 속도를 낸다.

전형적인 육식성으로 대형 동물플랑크톤, 치어, 소형 어류를 먹이로 하는 것 외에 버려진 어류의 내장을 포식한 사례도 알려지고 있다.

본종의 폴립은 수회 출아한 이후 직접 해파리형이 되는 것으로 생각되나, 실제 해양에서의 자세한 생태는 아직도 불명확하다. 촉수의 독은 강렬하여 쏘임 사고의 원인이 되기에, 서일본에서는 '전기해파리' 또는 '쐐기풀'이라는 다른 명칭으로 사람들에게 무서움의 대상이 되고 있다.

열대에서 온대 연안에 분포하고, 일본에서는 오키나와(沖繩)현에서 홋카이도 남부의 연안, 특히 파도가 칠 때에 여름부터 가을에 걸쳐, 수시로 대량 출현한다. 또 서일본에서는 가을부터 다음해 1월까지 확인되고 있다.

기타 일본에서는 본 종과의 근연종으로 4종이 알려져 있으나, 최근

별도의 신종이 나올 가능성도 지적되고 있다. 그중에서도 오키나와현 연안에 출현하는 반신뱀해파리*Chiropsalmus quadrigatus* Haeckel(원색 사진 18)에 의한 사망 예가 여러 건 있다. 연등 모양의 해파리는 취급에 세심한 주의가 요구된다.

하. 풍선(기구)빗해파리 *Hormiphora palmate* Chun

비행선과 같이 가늘고 긴 풍선모양이다. 단면은 원형이고 몸의 99% 이상이 수분이므로 부드럽고 파괴되기 쉽다. 체장 0.5~6cm 정도인 소형 유즐해파리의 대표종으로 몸의 표면에는 수십만 장의 다발 모양으로 된 빗판이 나열되어 이것을 움직여 운동한다. 몸의 밑(내면)에는 입과 인두가 있다. 생식소는 자오관(그림 1-5)을 따라서 발달하지만 자웅동체로서 폴립과 같은 정착기가 없다. 한 쌍의 촉수를 가지나 자포는 없다. 자포 대신에 점착성인 점착자포(교포=膠胞)라 불리는 기관을 사용하여 먹이가 되는 요각류, 어란, 치어, 살파류, 소형 해파리류를 포획한다(원색 사진 19).

전 세계의 연안, 외양에 분포하며, 일본에서는 외양에 근접한 연안이나 만 입구에서 이른 여름부터 가을에 걸쳐 출현한다. 몸체는 부서지기 쉽기에 어업에 직접적인 피해는 적을 것으로 생각되나, 어란이나 자치어(子稚魚)를 먹어 치우기에 청어나 고

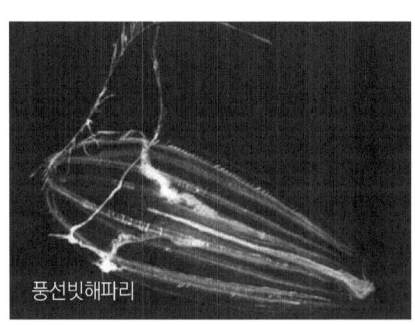
풍선빗해파리

등어류 어획량에 크게 영향을 주는 경우도 있다.

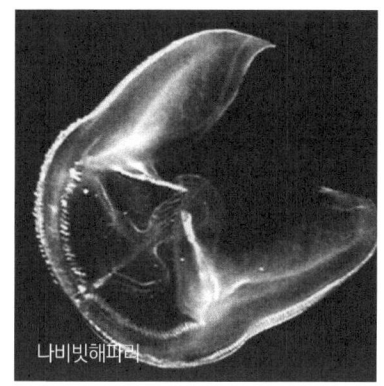

나비빗해파리

같은 분류군 해파리에 나비빗해파리 *Ocyropsis fusca* (Rang)가 있다 (원색 사진 20). 이 해파리는 입 주변에 짧은 촉수를 가지며, 빗판에 의한 운동 이외에, 입을 덮는 듯한 날개 모양의 돌출부를 개폐하여, 일반 동물플랑크톤 외에 빠르게 도망가는 바다 곤쟁이류도 포식하는 것이 가능하다. 섬세한 판자 모양의 타이어를 연결한 것과 같은 8개의 띠를 가지며, 홍색을 띠면서 나비가 춤을 추는 것과 비슷한 리드미컬한 유영운동 모습은 보는 사람으로 하여금 시간 가는 것을 잊게 한다.

거. 오이빗해파리 *Beroe cucumis* Fabricius

중형 유즐해파리의 일종으로 모양은 알 또는 오이와 비슷하며, 붕괴하기 쉽다. 체장 5~6cm 전후의 것이 많지만, 때에 따라서는 20cm에 달하는 것도 있다. 종으로 나열된 8개의 빗판으로 형성된 띠(帶)는 거의 같은 길이이다. 체내의 자오관(子午管, subtentacular/subpharyngeal meridional canal)에서 다수의 가지를 내며, 그 선단이 연결되어 있기에, 그물을 쓴 것과 같이 보이는 것과 촉수가 없는 것이 이 해파리의 특징이다. 몸 전체가 옅은 핑크 또는 우유색이나 투명에 가까운 것도 있다(원색 사진 21).

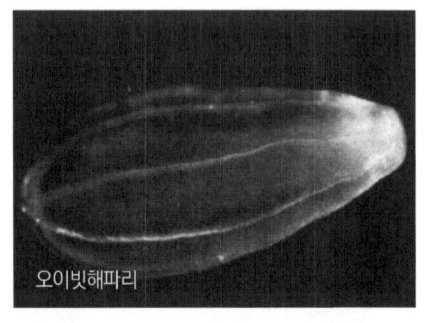
오이빗해파리

몸의 밑면 중앙에 입이 있고, 겉모습처럼 빈식(貧食)인 해파리로서 어란, 자치어, 살파류, 기타의 유촉수강 해파리나 히드로해파리 등을 입을 크게 벌려 반전(反轉)하는 것과 같이 하여 통으로 삼킨다. 이 해파리가 출현하면 특히 부어류(청어, 정어리, 꽁치 등)의 어획량에 큰 영향을 미치므로, 앞으로 전국적인 규모의 모니터링 연구와 조사가 필요하다.

전 세계의 연안에서 외양에 걸쳐 분포하며, 일본의 연안, 근해 및 내만에 넓게 분포하여 봄에서 가을에 걸쳐 출현한다. 빗판에 햇빛을 받으면 무지개색으로 빛을 내기에, 맑은 날에 해면 가까이 큰 무리를 만들면 장관을 연출한다.

너. 기타 심해성 해파리 검은관해파리류 *Periphylla periphylla* (Peron & Lesueur)와 Prayidae과 해파리의 일종 *Rosacea flaccida* Biggs et al.

검은관해파리류는 우산이 삼각추와 유사한 모양이다. 우산 지름은 4cm, 높이가 8cm 전후의 관해파리의 그룹에 속하는 중형 해파리강의 일종이다. 우산의 색은 자색 또는 어두운 베이지색으로 발달된 16장의 연판을 가지며, 띠 모양의 촉수가 있다. 생식선은 U자 모양을 나타낸다. 가을에서 봄에 심층에서 얕은 층으로 부상하여, 야간에 동물플랑크톤

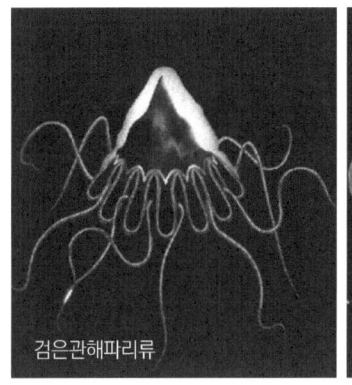
검은관해파리류

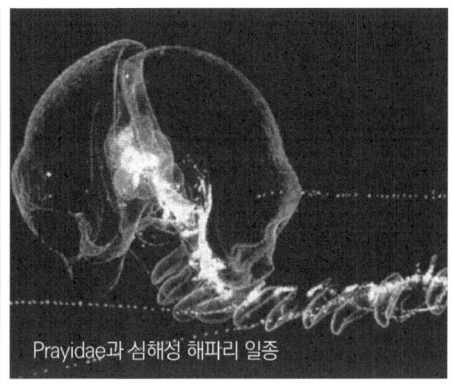
Prayidae과 심해성 해파리 일종

을 포식하는 것으로 알려져 있다.

　태평양, 인도양, 대서양 등의 각 대양의 심해에 분포하고 있으며, 일본에서는 동해/일본해의 북부와 최근에는 사가미(相模)만 근해의 600m 수심에서도 목격되었다는 보고가 있다.

　또한 최근 태평양이나 북극해의 심해에서 발견되었다고 하는 10m에 달하는 관해파리류로서 Prayidae과에 속하는 해파리의 일종을 원색사진 22에 게재하였다. 그러나 아직 심해에는 보고되지 않은 해파리가 다수 서식하고 있을 것이기에 앞으로의 조사, 연구가 진행되면, 신종이 점차 발견될 것이다. 그중에는 새로운 타입의 생리활성물질을 가지고, 우리의 생활에 도움이 될 해파리도 있을지 모른다. 왜냐하면, 해파리는 매우 극한적인 상황에서 생활하기 때문이다. 따라서 앞으로 심해성 해파리의 연구에 많은 기대를 걸게 된다.

정약전이 1814년에 흑산도 유배생활에서 작성한 『현산어보』에서 해파리를 해타(海駝), 속명으로 해팔어(海八魚)로 표기하고 있고, 그 내용에 대해서는 다음과 같이 기술하고 있다(이태원, 2002).

큰 놈은 길이 5~6자이며 너비도 이와 같다. 머리와 꼬리가 없고 얼굴도 눈도 없다. 몸은 연하게 엉켜 있어 타락죽과 같고, 모양은 중이 삿갓을 쓴 것과 같다. 허리에는 치마를 달고 발을 늘어뜨린 채 물속을 떠다닌다. 갓양태 안쪽에는 매우 가늘고 수제비 가락처럼 생긴 머리털이 무수히 많이 달려 있다. 물론 진짜 머리털은 아니다. 그 아래는 목같이 생겼고 갑자기 넓어져서 어깨처럼 된다. 어깨 아래는 네 갈래의 다리로 갈라져 있는데, 앞으로 나아갈 때에는 그 다리를 하나로 붙여 모은다. 다리는 몸 가운데에 있다. 다리의 위아래와 안팎에는 머리털이 무수히 나 있는데, 긴 것은 수 장(丈)에 이르는 것도 있다. 짧은 것은 7~8치 정도이며 빛깔은 검다. 길고 짧은 것은 일정하지 않은데 큰 놈은 노끈(條) 같고 가는 놈은 머리털(髮)과 같다. 나아갈 때에는 질퍽질퍽 휘청거리는 것이 우산을 떠올리게 하는 바가 있다. 그 성질과 빛깔은 해동(海凍)과 흡사하다. 해동은 우뭇가사리를 쪄서 만든 기름이 엉키어 굳은 것을 말한다. 강항어(도미)가 해파리를 만나면 두부처럼 빨아 마셔버린다. 조수를 따라 항구로 들어왔다가 조수가 밀려나가면 땅바닥에 늘어 붙어 움직이지 못하고 죽는다. 육지 사람들은 이것을 익혀 먹거나 혹은 회로 만들어 먹기도 한다. 해파리를 찌개되면 타락죽처럼 연하던 것이 굳어져서 질기고 거칠게 되며 커다란 몸체도 작게 쪼그라든다. 창대가 예전에 해파리의 배를 한 번 갈라보았더니 호박의 썩은 속과 같았다고 한다.

즉, 매우 사실적이면서 구체적인 해파리의 형태 묘사는 물론 해수의 흐름에 따라 수동적으로 이동하는 플랑크톤의 특성까지 생동감 있게 표현하고 있다. 더욱이 다른 생물과의 관계를 포함하여 이용법까지 상세하게 기록하고 있다. 또한 이에 대해 정약용의 제자인 이청은 다양한 문헌 조사 결과를 바탕으로 다음과 같은 주석을 추가하고 있다.

타(鮀)는 차(蛇)로 통한다.『이아익(爾雅翼)』에서는 "차(蛇)는 동해에서 난다. 순백색이며 몽글몽글한 물거품 덩어리 같기도 하고 피가 엉긴 것 같기도 하다. 가로와 세로가 두어 자 가량 된다. 생각하는 힘은 있으나 머리와 눈이 없어 사람을 피할 줄 모른다. 새우 떼가 모여 붙어서 동서로 따라다닌다"라고 했다.『옥편』에서는 모양이 삿갓을 덮어놓은 것 같고, 항상 물 흐름에 따라 떠다닌다고 했다. 곽박은「강부」의 '수모목하(水母木鰕)'에 대한 주에서 수모가 사람들이 말하는 해설(海舌)과 같은 것이라고 했다.『박물지』에서는 동해에 생물이 있는데 모양이 피가 엉긴 것 같아 자어(鮓魚)라고 부른다고 했다.『본

초강목』에서는 해하를 수모, 저포어(樗蒲魚)라고 했다. 이시진은 "남인(南人)이 이를 해절(海折) 혹은 사자(蜡鮓)라고 불렀는데 이는 잘못이다. 민인(閩人)은 차(蛇)라고 했고, 광인(廣人)은 수모(水母)라고 했다. 『이원(異苑)』에서는 석경(石鏡)이라고 불렀고, 『강희자전(康熙字典)』에서는 차(蛇)가 수모, 일명 분(鰿)인데, 그 모양이 양의 위와 같다고 했다. 이 모두가 지금의 해파리를 일컫는 말이다. 수모는 모가없이 둥글둥글하게 엉긴 것 같은 모양을 하고 있으며 그 빛깔은 홍자색이다. 배 밑에 늘어져 매달린 것이 있는데 새우 떼는 여기에 달라붙어 그 연한 것을 빨아먹는다. 해파리를 잡으면 그 혈즙을 없애고 먹어야 한다"라고 했다. 대개 해파리의 몸속에는 혈즙이 있다. 바닷가 사람들은 해파리의 뱃속에는 피를 저장하는 주머니가 있는데 때때로 큰 물고기를 만나면 그 피를 토하여 상대를 어지럽히는 것이 오징어가 먹을 뿜는 것 같다고 말한다.

주로 문헌에 등장하는 내용을 토대로 해파리 관련 사항을 정리한 것으로 일본의 고서에 출현하는 해파리 관련 명칭과 많은 부분에서 일치한다. 그러나 정약전이 흑산도에서 관찰하고 서술한 해파리는 길이나 폭이 5~8자 정도로 1.5m 이상인 대형 해파리이다. 이태원(2002)은 구체적 종의 표현을 하고 있지 않지만, 진재운(2004)은 대형이라는 점에서 큰덤불해파리일 가능성을 제시하였다. 본서에서도 동중국해를 포함한 동남아시아에 8개 종류 이상의 대형 해파리가 존재하고 있으며, 이들에 대한 구체적 내용이 아직 명확하지 않은 점과, 『현산어보』의 자세한 구완 및 그로 인한 소촉수 및 부속기에 대해 상세한 기술이 보이기에 보다 진전된 연구결과에 의해 객관성 있는 추정을 하는 것이 바람직하다 하겠다.

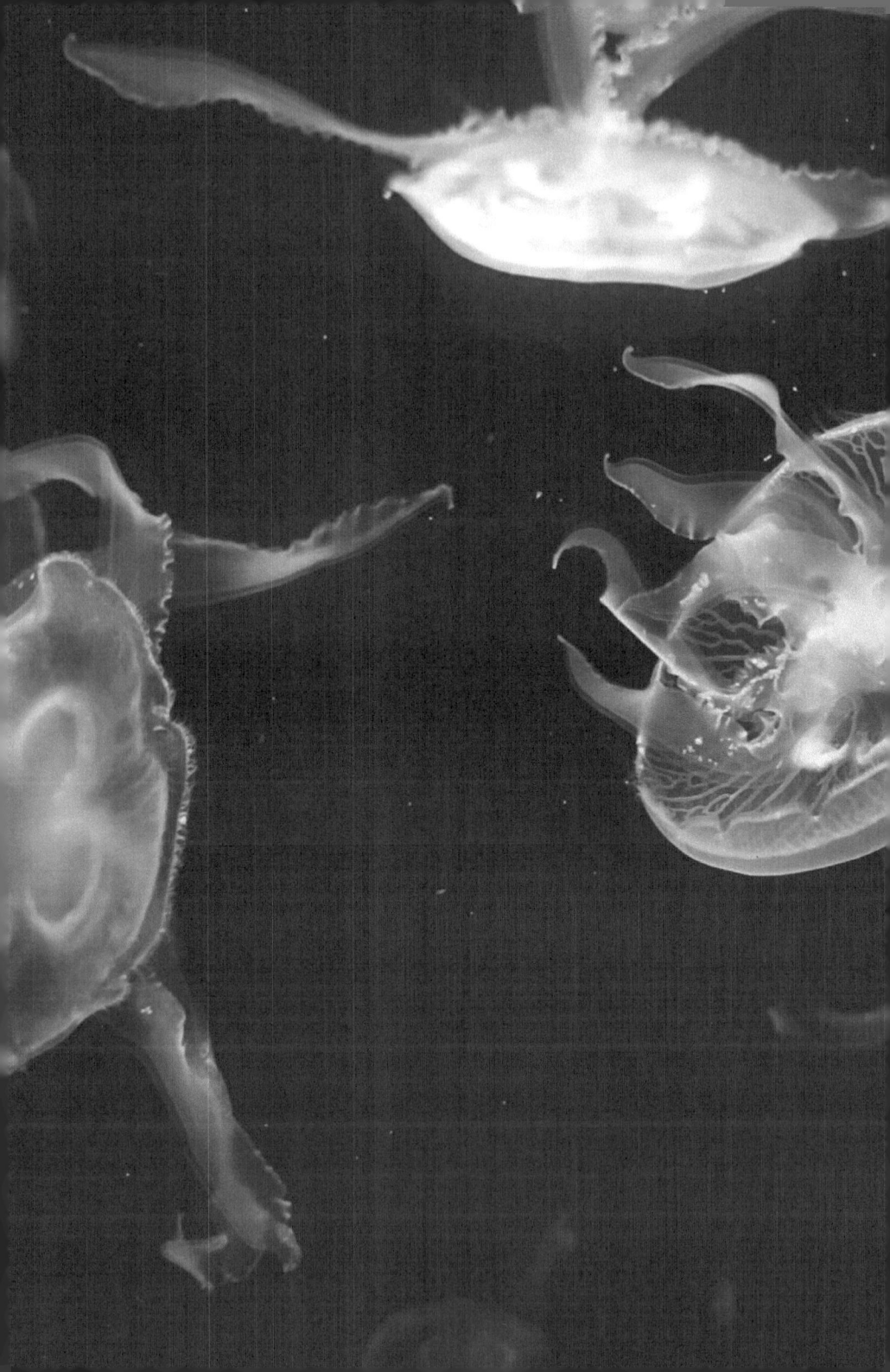

2장 보름달물해파리

해면을 덮는 UFO

▶ 독일 킬(kiel) 대학 해파리 연구실에 붙어 있는
  포스터(제공: H. Möller)

보름달물해파리*Aurelia aurita* (Linné)는 일본 연·근해의 어느 곳에서나 쉽게 발견되며, 임해공단의 발전소 취수구에 모여들기 쉬운 해파리이다. 거의 매년 해면을 덮을 정도로 대량 발생해 각 지역의 뉴스가 되는 가장 일반적인 해파리이다. 인간생활 및 산업 활동에 가장 관계가 깊은 해파리로서 본 장에서 상세하게 소개한다.

1. 보름달물해파리는 어떠한 해파리인가?

각 연안 해역에서 대량 발생하는 가장 일반적인 해파리류의 대표종이다. 일본에서 가장 오래된 서적인 『고서기』(古書記, 712)에서도 '久羅下[1]'라는 이름으로 등장한다. 즉 국토가 해파리와 함께 떠있는 상태라고 기록되어 있다(그림 2-1). 또한 널리 읽히는 동화 중에 등장하는 해파리는 모두 보름달물해파리에 해당하는 것으로 보아도 무방할 것이다.

우산을 펼치면 원반 모양이나 접으면 반구형이 되고, 해역에 따라 출현 개체군의 크기가 다양하다. 즉 와카사(若狹)만에서는

문장의미: 일본의 국토는 아직 정리되어 있지 않기에, 해면에 떠 있는 기름이나 해파리와 함께 떠 있는 상태이다.

그림 2-1 | 『고서기』 본문의 첫 부분(3번째 행)에 구라하(久羅下)라는 용어가 있다.

---

1 구라하(久羅下)를 일본식으로 발음하면 구라게(Kurage)인데, 현재 해파리를 나타내는 일본어이다.

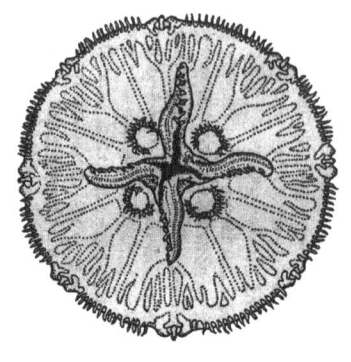

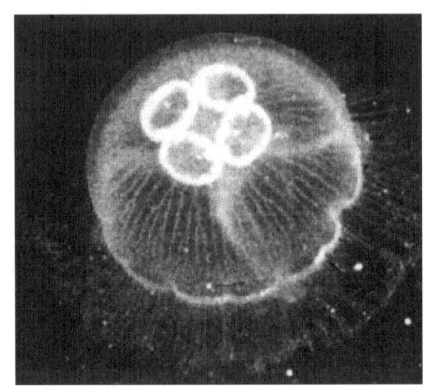

그림 2-2 | 어린 보름달물해파리　　　사진 2-1 | 성숙한 보름달물해파리(제공: H. Möller)

우산 지름이 10~20cm 전후의 것이 많고, 최대로 31cm(950g)의 개체가 관찰되었다. 그렇지만, 규슈(九州) 연안에서는 가끔 1m의 대형 개체가 확인되는 경우도 있으나, 태평양 연안 해역 및 세토나이카이에서는 20~30cm의 대형 개체가 매우 일반적으로 관찰된다. 이와 같이 해역에 따른 크기의 차이는 태평양 연안, 세토나이카이 및 규슈 연안 해역이 동해/일본해보다 먹이가 되는 플랑크톤의 서식 밀도가 높아, 먹이 환경이 양호하기 때문이라 생각된다(이에 대한 구체적 설명은 나중에 한다).

우산의 색은 반투명하거나 우유색으로 둥근 전병 과자와 비슷하다. 어업인들은 이를 하얀 해파리 또는 떡해파리라는 별명으로 부르지만, 대개는 단순히 '해파리'만으로 부르는 경우가 많다. 어린 개체의 방사관은 망목(網目) 모양이 되지 않으며, 우산과 같은 색을 띤다. 생식소는 말발굽 모양이고, 성숙함에 따라 암놈은 핑크 또는 오렌지색이지만 수놈은 옅은 자색이 된다. 우산 위에서 보면 4개의 구슬과 같이 보인다고 하여 4구슬해파리라고 하는 지방도 있다(원색 사진 30, 사진 2-1). 구완은 4개이며, 우산과 같은 색의 주변에 있는 실모양의 촉수는 포식이나 운동기관이 된다. 자포 독은 약한 것으로 얼려져 있다. 8개의 평형시는 몸의 평형을 유지하는 외에 빛 자극에도 잘 반응 한다(그림 2-2).

2. 세계 모든 바다가 서식지

보름달물해파리는 거의 전 세계의 연안 해역에서 100m보다 얕은 바다 및 해안선에서 거리 50~60km 이내의 연안 및 내만 해역, 그리고 항만 등에서 많이 출현한다. 동해/일본해에서도 홋카이도 서부의 오타루(小樽) 오쇼로(忍路)만에까지 분포하며, 그보다 북쪽에서는 우산 주변이 녹차색을 띠고 방사관은 망목상이 되는 북방보름달물해파리 *Aureria limbata* (Brandt)가 분포한다(그림 2-3).

그림 2-3 |일본 근해의 보름달물해파리와 북방보름달물해파리의 분포(內田, 1954로부터 작성)

3. 언제, 어떻게 출현하는가?

가. 출현 시기

일본 각 현이 보유한 지방자치단체의 해양조사선에 의한 목시 관측이
나 어업인에 의한 목격, 증언 등을 이용하여, 최근 동해/일본해에서 중
형 해파리류의 출현 해역 및 월별 출현 상황을 정리한 것이 그림 2-4이
다. 야마가다(山形)현 및 아모모리(青森)현처럼 붉은쐐기해파리와 발광평
면해파리의 출현이 많은 지역도 있지만, 보름달물해파리에 한정해 보
면, 가장 출현이 집중되는 시기는 5, 6월 상순에서 7월 상순까지이다.
이 그림은 어업인에 대한 탐문조사에서 경험이 많은 어업인은 장마(6월)
부터, 젊은 어업인은 5월 연휴[2] 중이거나 연휴가 끝난 다음부터 해파리
가 몰려온다고 하는 것과 잘 일치한다. 탐문조사에서 나타난 1개월의
차이는 1995년 이후 동해/일본해가 난수기에 들어간 것과 지구 온난화
에 관련된 내용을 나타내는 것일지도 모른다.

　또한 보름달물해파리를 중~대형 네트로 채집하는 현장조사에 의한
출현 개체를 조사하거나, 시장이나 발전소에서 건져 올린 중량의 변화
를 기초로 하여 분석한 연안 해역의 보름달물해파리 출현 시기와 출현
최적시기를 정리한 것이 그림 2-5이다. 그림에서 와카사(若狹)만 내에
위치하는 우라소코(浦底)만에는 매년 출현하며, 출현 최적시기는 3~10
월 사이로 매우 길다. 3, 4월에 출현하는 해파리는 15~20cm의 대형

2　4월 말에서 5월 초까지 약 일주일의 긴 황금연휴를 말한다.

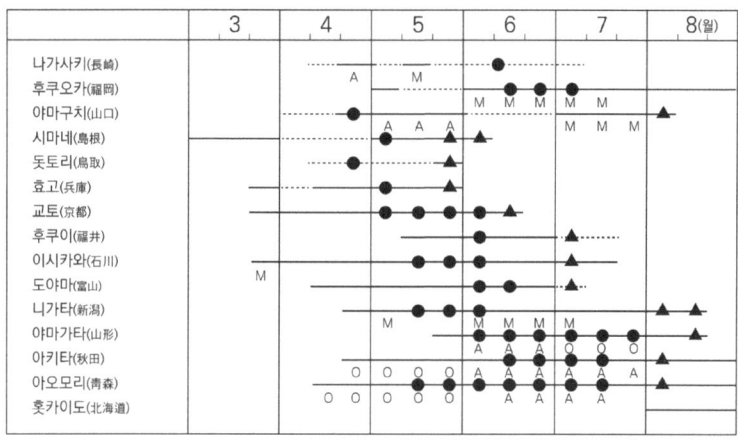

―― : 출현이 확인된 시기   ········ : 출현이 확실한 시기

A : 붉은쐐기해파리   M : 보름달물해파리   O : 발광평면해파리

● : 출현 최적시기   ▲ : 출현 감소, 소멸

그림 2-4 | 동해/일본해 연안(나가사키현~홋카이도)의 월별 해파리 출현 상황(黑田, 2001)

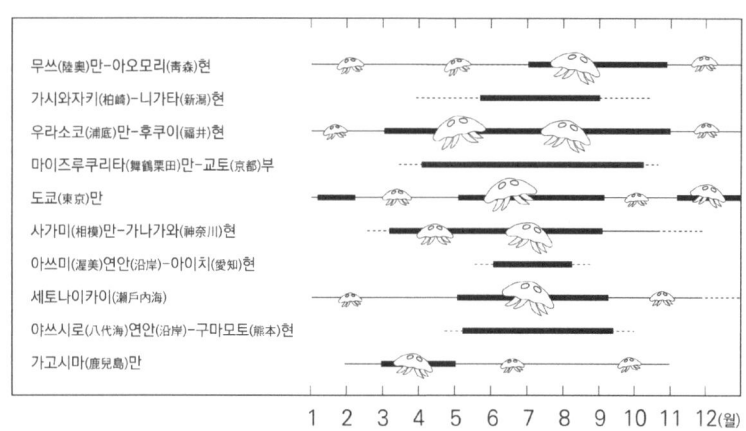

―― : 출현 시기   ■■ : 출현 최적기

그림 2-5 | 보름달물해파리가 출현한 시기

개체군으로(나중에 설명), 이들은 도쿄만과 같이 본 해역에서 월동하는 것을 의미한다.

우라소코만은 염분이 높은 외양수가 만내로 유입하여, 만 입구에 약한 와류가 형성되기 쉽다. 와카사만 서부의 쿠리타(栗田)만을 포함하여 이와 같은 환경조건은 보름달물해파리의 서식 및 분포에 적합하게 작용하는 것 같다.

외양에 개방되어 해수가 체류하는 해역이 없는 니가타(新潟)현의 가시와자키(栢崎)에서는 출현 기간이 5~8월로 짧으며, 그림 2-4의 기록과도 잘 일치한다. 즉, 가고시마(鹿兒島)만이나 도쿄(東京)만의 일부 해역을 제외한 다른 지방에서의 보름달물해파리 출현 최적기는 대부분의 경우 봄(3, 4월)에서 여름(8월), 늦어도 가을(9, 10월)까지이므로, 보름달물해파리를 관찰하거나 채집하려면 이 기간 내에 하는 것이 좋을 것이다.

나. 보름달물해파리가 좋아하는 수온

보름달물해파리의 출현 개체수와 수온과의 관계를 와카사(若狹)만에서 조사한 결과, 10℃ 이상에서 출현이 시작되어, 20~29℃의 범위에서 가장 많은 것을 알 수 있었다(그림 2-6). 이 그림을 기초로 수온과 해파리 우산의 개폐운동(開閉運動, 박동수/min)과의 관계를 조사한 것이 그림 2-7이다. 즉 수온을 0℃에서 30℃까지 상승시키면서 해파리의 박동수를 조사한 결과, 수온 15℃ 이상부터 활발한 운동을 보이기 시작하여 모든 실험에서 20~25℃의 수온에서 최대 박동수를 보였으며, 30℃

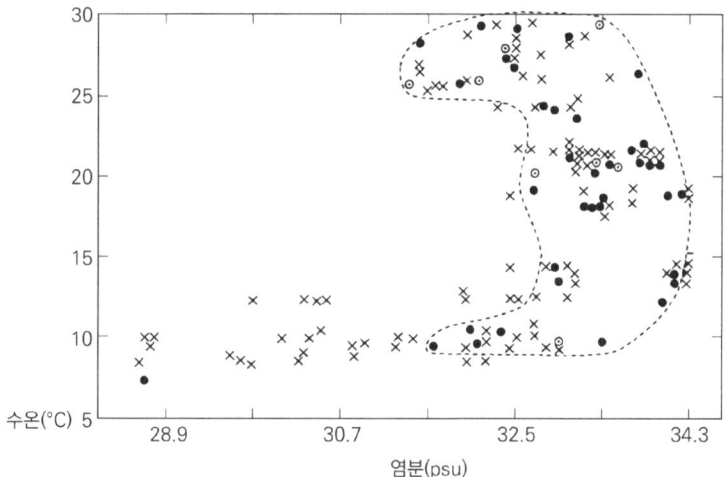

점선 내에는 주요 출현 범위 (1㎡ 당 개체수)   ×: 0개체   ●: 3개체 미만   ◉: 3개체 이상

그림 2-6 | 어미 보름달물해파리의 출현과 수온, 염분의 관계

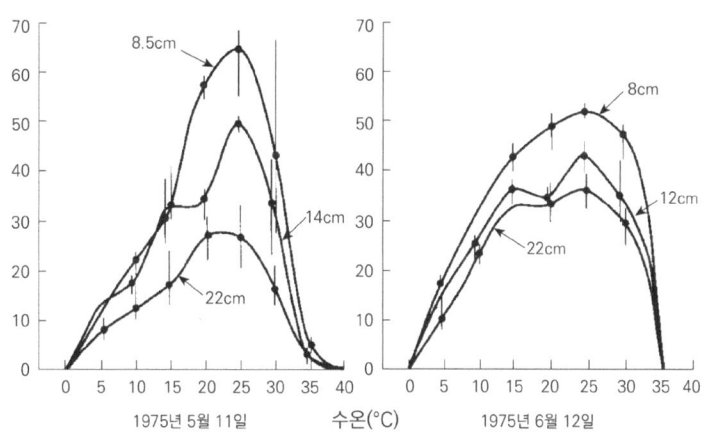

그림 2-7 | 보름달물해파리의 우산 개폐 사이클과 수온의 관계
후쿠이(福井)현 와카사(若狹)만 내의 쓰루가(敦賀)만

이상에서는 감소하였다. 실제 와카사(若狹)만의 바다 수온은 4, 5월에 15℃에 달하고, 6월과 10월에는 20℃ 이상, 7~8월에는 25~29℃이기에 보름달물해파리 출현빈도와 실험결과는 잘 일치한다고 할 수 있다.

이와 같이 해파리 박동수가 많아지면 해수 중에서의 운동(박동)이 활발하여, 사람들 눈에 띄기 쉽게 되는 것이다. 여기에 설명한 박동수와 수온과의 관계는 아마도 동해/일본해 이외의 태평양 연안이나 내만 해역, 그리고 세토나이카이(瀬戸內海)에서도 거의 비슷할 것이라 생각한다. 또 0℃에서는 박동수가 바로 멈추지만, 수분 동안 방치해도 죽지 않아, 저수온에서도 강한 내성을 가지는 것을 알 수 있었다.

다. 고염분의 해수부터 담수까지도 적응?

보름달물해파리의 출현과 염분과의 관계는 그림 2-8과 같이 28~34psu(염분의 단위로 *practical salinity unit*, 실용 염분의 약자로 해수의 전기전도도를 염분 값으로 환산한 것이다. 30psu는 3% 정도의 염분 농도에 해당)의 범위에서 출현하여 광염성을 나타낸다. 단 그림에서 31~33psu의 범위에서 출현 개체 수가 많아지지만, 이는 이러한 높은 염분이 해파리가 좋아하는 조건이라기보다 앞에서 기술한 것과 같이 만 외부의 고염분 외양수가 해파리가 분포한 해역으로 유입되었기 때문으로 이해하는 것이 타당할 것이다.

보름달물해파리와 염분과의 관계를 실험한 결과, 염분을 5psu(염소량 약 3‰: 퍼밀리, 천분율을 나타냄)로 내리면, 정상적인 운동이 되지 않고 도립해 버린다. 더욱 내리면 박동수도 감소한다(그림 2-8). 그러나 서

서히 염분을 내리면 적응력이 매우 강해, 담수에서도 생존 가능할 것으로 생각한다. 실제 저자는 쓰루가(敦賀)만의 하구 1.5km 상류인 이노구치(猪ノ口)강에서 우산 지름 10cm인 어린 보름달물해파리가 강의 상류를 향해서 아무런 이상 없이 우산을 개폐시키고 있는 것을 발견한 적이 있다. 같은 장소에서 20cm 전후의 대형 해파리가 하천 밑에 5~6m의 타원 모양으로 무리를 지어 횡단하였고, 모든 개체가 천천히 움직이는 것을 목격하여 놀란 적이 있다. 이와 같은 광온,

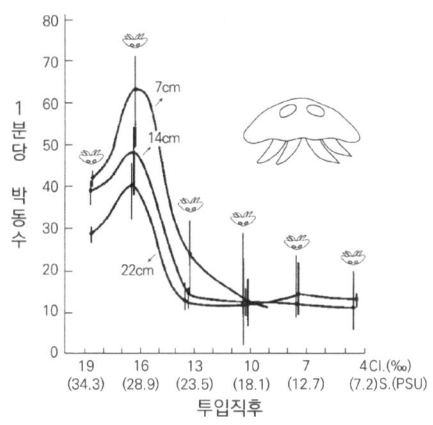

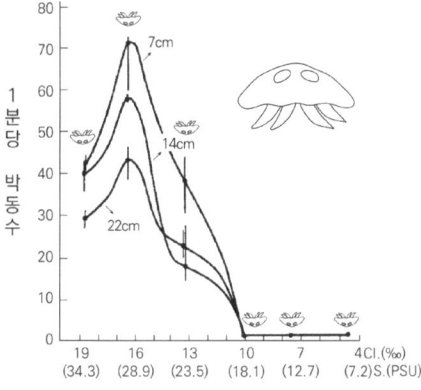

그림 2-8 | 보름달물해파리의 우산 개폐 사이클과 염분의 관계

광염의 적응성이 있기 때문에 보름달물해파리는 전 세계의 연안, 내만에 출현, 분포하고 있는 것이다.

기타의 환경 요인으로서는 pH 8.8 이상인 알카리성의 해수 중에는 보름달물해파리가 전혀 출현하지 않은 것이 알려져 있어, 산성비에 의

한 pH 변화의 지표종으로 사용 가능성을 조심스럽게 지적하는 연구자
도 있다.

라. 세계 제1의 고밀도 분포를 보인 거대한 와카사(若狹)만의 우라소코 (浦底)만

지금까지 기술한 것처럼 보름달물해파리는 수심 약 100m 이하의 연안
해역에 출현 및 분포하지만 11cm/sec 이하로 흐름이 늦은 해역이나 큰
소용돌이가 와류를 형성하는 수역 및 전선(前線, front)에는 큰 무리를 만드
는 경우가 있다. 무리의 모양은 대상이 긴 타원형으로 저자가 본 최대의
것은 와카사만 동부의 쓰루가만에서 폭 2km, 길이 8km에 달하는 것이었

연도	무리번호 와 형태	면적(㎡)	두께(m)	체적(㎥)	개체밀도 (inds/㎥)	최대 우산 지름(cm)	체중(g)	현존량 (ton)
1967년 8월 9일	A 대상	60	3	180.0	596.4	6~7	13.1~21.5	1.4~2.3
	B 대상	240	3	720.0	596.4	6~7	13.1~21.5	5.6~9.2
1968년 10월 17일	1 타원형	1,177.5	1	1,177.5	41.6	8~10	30.3~52.5	1.4~2.6
	2 타원형	1,177.5	2	2,355.0	25.0	8~10	30.3~52.5	1.7~3.1
	3 타원형	2,041.0	1	2,041.0	120.8	8~10	30.3~52.5	7.5~13.0
	4 타원형	2,041.0	2*	4,.82.0	29.2	8~10	30.3~52.5	3.6~6.3
	5 타원형	588.8	2*	1,177.5	29.2	8~10	30.3~52.5	1.0~1.8

* 이 무리에 대해서는 일부 개체가 저층을 향해 침강을 개시하였기 때문에 2m 이심의 수평적 범위를 확인할 수 없었다.
  따라서 현존량은 2m 이천의 수심의 무리에 대해서만 계산되었다.

표 2-1 | 고밀도 보름달해파리군의 특징 후쿠이(福井)현 우라소코(浦底)만

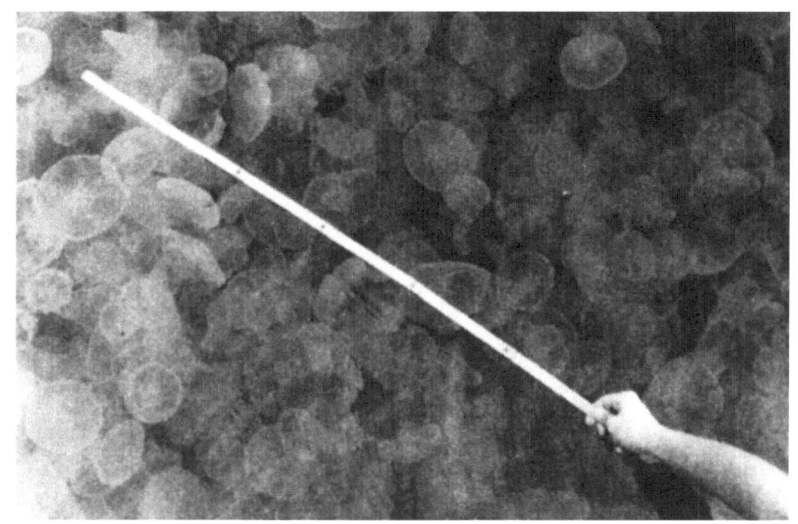

사진 2-2 | 세계 제1의 고밀도 분포가 된 보름달물해파리의 무리
후쿠이(福井)현 와카사(若狹)만의 우라소코(浦底)만

다. 이와 같이 거대한 무리를 몇 개 자세하게 관찰하였기에 소개한다. 저
자가 본 가장 밀도가 높은 무리의 특징은 표 2-1에 나타낸 것과 같이 파
란 바다에 갑작스럽게 하얀 작은 섬이 생긴 것과 같은 상태였다(사진 2-2).

이때의 분포 밀도는 596 inds./㎥를 기록하였지만, 이 값은 지금까
지 세계 최대의 고밀도를 나타낸 것이다. 무리의 현존량을 계산하였더
니, 우산 지름이 6~7cm인 개체군으로 형성된 대상 무리(폭 2~4m, 길이
30~60m, 면적 240㎡)에서는 1.4~9.2톤, 우산 지름이 8~10cm의 개체
군으로 형성된 장타원형 무리(짧은 지름 10~20m, 긴 지름 100~130m, 면적
588~2,041㎡)에서는 1.0~13.0톤으로 추정되었다. 도쿄(東京)만에서는

우산 지름이 26cm의 개체군으로 형성된 대상의 무리(면적 1,000m²)에서 98.6톤, 우산 지름이 24cm의 개체군으로 형성된 타원형의 최대 무리(면적 62,800m²)에서 1,000톤이 넘는 것으로 계산되었다. 또, 세토나이카이(瀬戸內海)에서 발견된 우산 지름이 14.6cm의 무리(면적 2.34km²)는 얼핏 계산하더라도 실로 93,600톤에 미치는 것으로 추정되었다.

바닷속 보름달물해파리가 때에 따라서는 대량의 개체군에 의해 대규모로 발전할 수 있다는 것에 대해 충분히 이해가 되었으리라 믿는다. 이와 같은 무리가 다수 출현하면, 당연히 어업이나 임해공업에 피해가 막대하게 된다. 앞으로도 각 연안에서는 보름달물해파리 무리의 양상을 자세하게 관찰하여 그 기록을 축적해 둘 필요가 있다.

최근에는 측정 정도가 탁월하면서 무리의 양도 추정 가능한 어군탐지기가 개발되어 있다. 이를 해양관측과 함께 이용함으로써 해수 중 음향학의 입장에서 더욱 상세하고 대규모적인 해파리 현존량이 명확하게 측정될 것으로 기대된다. 무리가 형성되는 이유는 앞에서 기술한 해황(海況)의 물리학적 요인 외에도, 성숙한 암놈과 수놈이 서로 유인하는 생물학적 이유라고 생각하는 연구자도 있어, 앞으로의 과제로 남아 있다.

마. 보름달물해파리는 상하로 이동한다.

보름달물해파리는 네트 채집이나 수중 텔레비전에 의해 해면에서 30~50m까지 분포하는 것이 확인되고 있지만, 그보다 깊은 수심에서

지름 1m인 염화비닐 제재의 원형 망구를 서너 개 만들고, 이에 그물(그물눈 크기 5mm)로 길이 2.2m의 봉투형 네트를 만들어 대나무 막대에 붙인다. 이것은 네트가 해수 중에서 항상 정상으로 열려 있게 하기 위함이다.

사진 2-3 | 해파리 포획용 그물

도 서식하고 있는 것 같다. 2000년 7월 하순 일본해구수산연구소의 조사선 '미즈호마루'가 수심 89m의 관측지점에서 보름달물해파리를 다수 발견한 예가 있기 때문이다. 우리는 해면 가까이에서만 해파리를 보고 있기에 해파리를 언제나 물에 떠 있는 동물로서 보게 된다. 그러나 세밀하게 관찰하게 되며, 해파리는 낮과 밤을 통해 상하 방향으로 연직운동(鉛直移動/運動, vertical migration)을 하고 있음을 알 수 있다. 저자가 실시한 조사방법은 사진 2-3 및 그림 2-9와 같다. 이 방법으로 봄부터 가을까지 수중 텔레비전과 병행하면서 4~5회 이상 조사를 실시하였다. 그

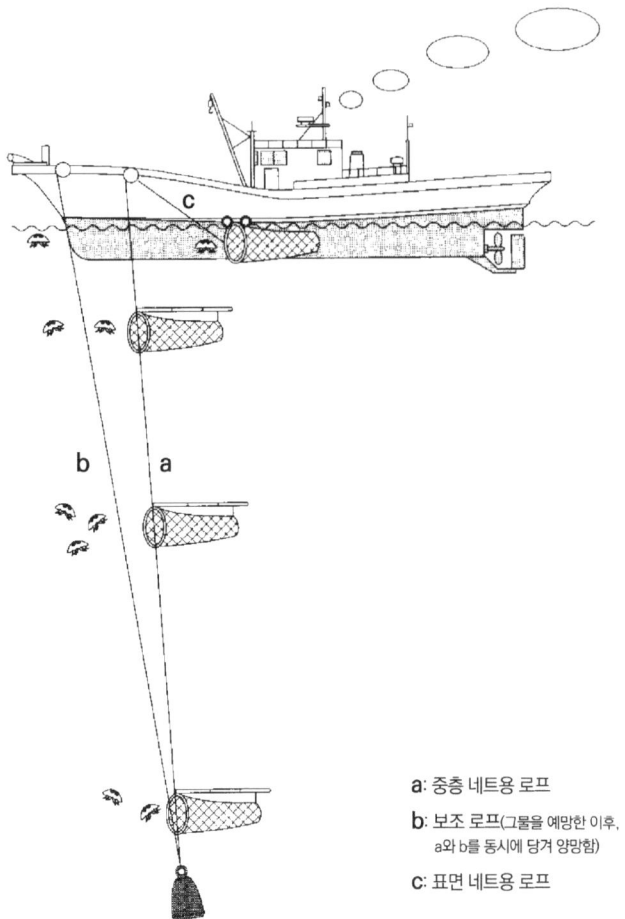

a: 중층 네트용 로프

b: 보조 로프(그물을 예망한 이후,
  a와 b를 동시에 당겨 양망함)

c: 표면 네트용 로프

수심별로 망구를 로프 a에 직접 매달아 양망할 경우 저층에서의 혼입을 방지할 수 있다. 또한 표면 채집은 소형 브이를 2개 붙인 동형, 동일 크기의 네트를 사용하였다(c). 이와 같은 방식으로 4개 층을 동시에 미속(30~40cm/sec)으로 10~20분간 수평 예인하여 층별로 해파리를 채집한 뒤, 보조 로프(b)에서도 동시에 양망하는 방법으로 효율적으로 층별로 해파리를 채집하는 것이 가능하였다.

그림 2-9 | 해파리 포획 네트를 이용한 4층 동시 수평 예망 방법

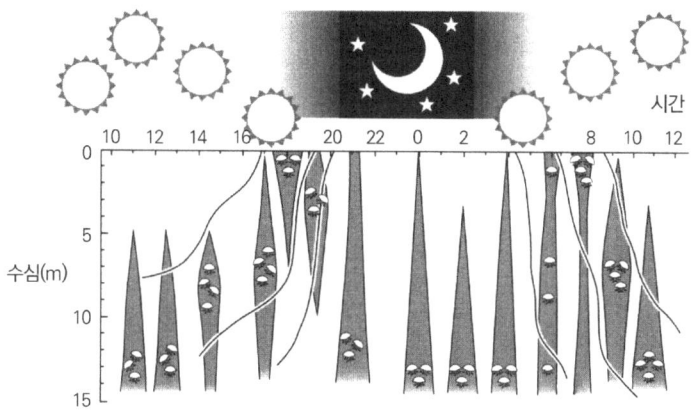

맑은 날 보름달물해파리는 주간에는 중, 저층(10m 이하)에 분포하였다가 일몰이 가까우면 중층(7~8m)에 많이 보이고, 일몰 전에는 많은 개체가 한꺼번에 해면으로 부상하였다. 그런데 일몰과 함께 주된 분포층은 3m 수심으로 하강하기 시작하여 야간에는 중, 저층으로 변화하였다. 다음 날은 일출과 함께 재차 해면으로 부상하였지만, 정오가 가까워짐에 따라 주된 분포층은 다시 저층으로 하강하여 간 것을 알 수 있다.

그림 2-10 | 보름달물해파리의 주·야간 연직운동과 밝기와의 관계

결과를 종합하면 그림 2-10과 같다.

즉 보름달물해파리는 대표적인 '박명 이동형'을 나타낸다는 것이 처음으로 명확히 확인되었다. 다만 장마나 폭우 이후 바다 표면의 염분 농도가 내려가, 우산(몸)이 안정되지 않거나, 수온이 발전소의 온배수에 의해 30℃ 이상 되는 경우에는 박동수가 저하되어 해파리가 쉽게 해수면으로 부상하기 어려워진다.

또 보름달물해파리의 유생(에피라)에 대해서도 망목을 0.3mm로 한 중형 그물(입구 지름 51cm, 그림 2-11)로서 같은 방법으로 채집하여 보았

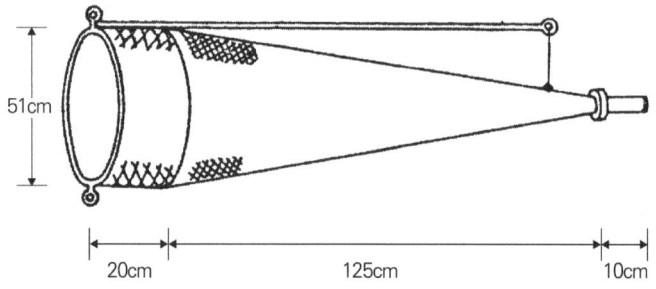

51cm

20cm　125cm　10cm

그림 2-11 | 에피라 채집용 플랑크톤 네트

지만, 성체 해파리와 거의 마찬가지로 박명 이동을 하고 있는 것 또한 처음으로 분명하게 알 수 있었다(그림 2-12).

　보름달물해파리는 동물플랑크톤을 먹이로 하고 있기에, 동물플랑크톤의 연직 이동에 맞추어 가면서 이동하는 것이다. 성체와 에피라가 같은 양상의 이동을 보이므로 어미와 새끼 해파리가 같은 시간대에 동일 장소에 모여 사이좋게 식사하는 모습과 같다. 단, 조석이 강한 해역에서는 만조 전후에 해파리가 부상하며, 간조 사이의 해수 정체시간에 하강하는 경향을 보인다. 이것은 해수의 운동이 우산의 운동을 자극하고 있기 때문일 것이다.

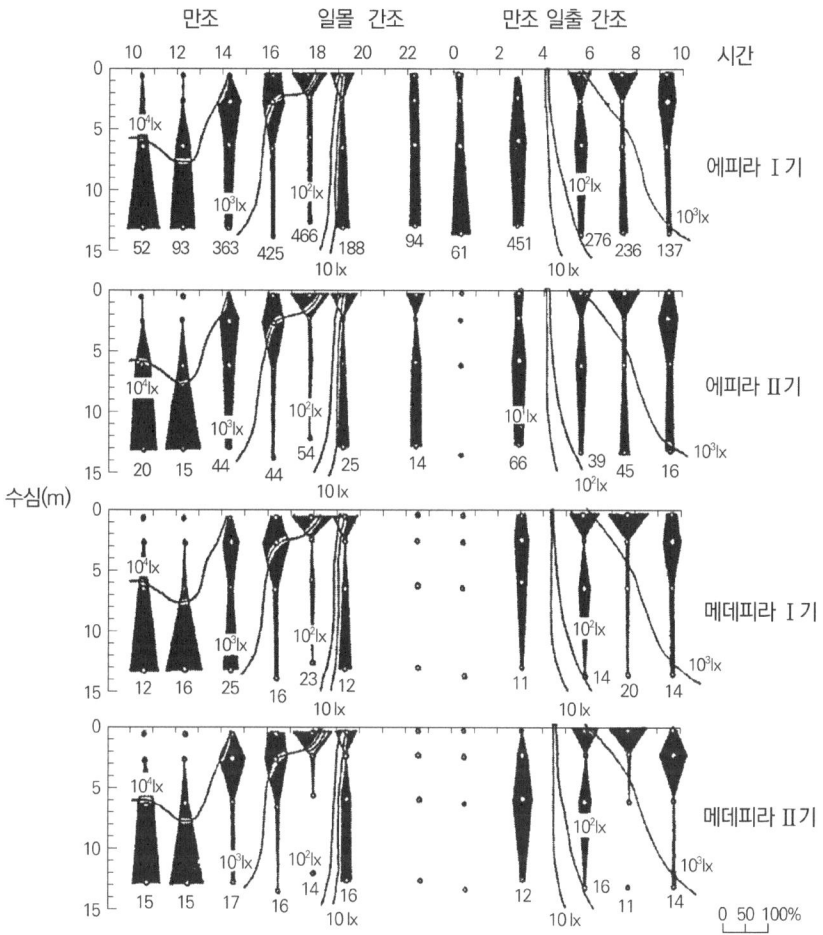

만조　　　　일몰　간조　　　　　　만조 일출 간조

1972년 5월 26일 10시에서 27일 10시, 맑고 간간히 옅은 구름, 풍랑 0~2, 수온 16~20℃, 염분 34psu, 그림 속의 숫자는 채집된 해파리 수. 에피라 I, II기, 메데피라 I, II기의 구분에 대해서는 그림 2-13참조.

그림 2-12 | 에피라, 메데피라의 연직이동과 수중 조도와의 관계

바. 보름달물해파리가 반응하는 밝기

보름달물해파리가 주로 분포하는 바다 깊이의 밝기는 $10^3 \sim 10^4$lux 범위이다. 보름달물해파리는 에피라의 시기에 이미 8개의 평형기를 가진다. 평형기에 의해 몸의 평형과 빛의 강약을 조절한다. 아마도 10^3lux대가 그들의 박동을 자극하는 최적의 밝기일 것이다. 또 빛의 세기가 10^4lux에서 10^3lux 정도로 감소할 경우, 확실하게 보름달물해파리가 해면으로 부상하는 것이 관찰되었다. 이와 같은 사실은 일정한 밝기보다는 10^4lux 이상의 강한 빛이 점차 감소하는 경우가 해파리에 가장 강한 빛 자극이 되는 것으로 저자는 생각한다.

이상과 같은 보름달물해파리가 좋아하는 환경 조건, 주야 연직이동의 양상 등을 조사하여, 그 이유를 연구하는 것은 앞으로 해파리의 출현을 예측하거나, 방제 작업을 생각할 경우에도 매우 중요한 힌트를 얻을수 있지만, 이에 대해서는 나중에 상세히 기술하기로 한다.

사. 와카사(若狹)만 및 노토(能登)반도에서의 독특한 증식법

보름달물해파리의 초기 발생에 대해서는 앞 장에서도 기술하였지만, 동해/일본해의 와카사만이나 노토반도 연안에서 특징적인 발생과정이 관찰되었기에, 소개하여 둔다(그림 2-13 굵은 선 참조).

(1) 플라눌라기

번식기(1~6월)에 들어간 성숙된 암놈 해파리(우산 지름 15~30cm)의 뒤를 돌려보면, 우유색 또는 밝은 오렌지색을 한 수정란이나 플라눌라를 쉽게 발견할 수 있다. 이것을 스포이트로 채집하여 패각이나 작은 돌을 넣은 비커에 이동시켜 변태하는 모습을 관찰하였다(사진 2-4). 채집된 수정란이나 플라눌라는 대부분 긴지름이 0.5~0.7mm

스포이트로 수정란이나 플라눌라를 채집하여 패각이 들어 있는 비커에 이동시킴.

사진 2-4 | 성숙한 보름달물해파리에서 채란하는 모습

정도의 가지 모양으로 지금까지 기록된 크기에서 최대의 것이었다(그림 2-13a, 사진 2-5). 이들 플라눌라는 매우 느린 나선운동을 하면서 빠른 것은 2~3시간, 대부분은 24시간에 침강하여 패각이나 작은 돌에 부착하였다(사진 2-6a).

(2) 직접 에피라기

일부의 소형 플라눌라(0.2~0.3mm, 그림 2-13, a2)는 통상 우유색의 폴립이지만 (사진 2-6d), 대부분의 플라눌라는 어찌된 일인지 버섯모양의 에피라로 직접 변태하였다(사진 2-6b, c, 그림 2-13 b1→e1)). 이것들은 가장 늦은 경우에도 8~18일 (6~10℃)), 빠르면 겨우 3~4일(20~28℃)에 일제히 부유생활에 들어간다. 이와 같은 사례는 다른 해역(도쿄만, 이세만, 세

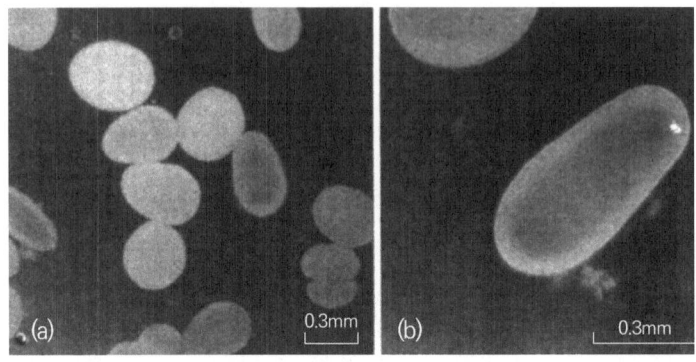

사진 2-5 | 보름달물해파리의 수정란과 플라눌라 (a), (b)는 확대사진

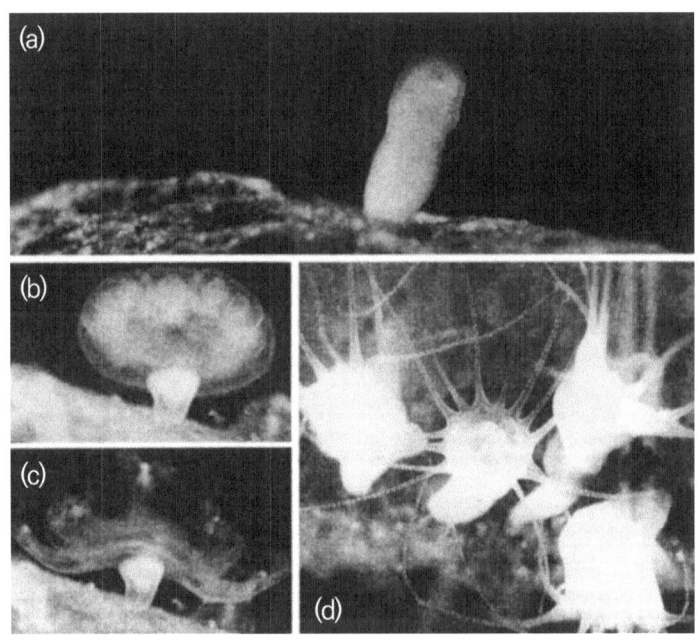

(a): 패각의 기반에 부착한 플라눌라   (b), (c): 플라눌라에서 직접 에피라로 변태하였다.
(d): 일반적인 폴립으로 변태

사진 2-6 | 플라눌라에서 폴립, 에피라로의 변태(제공: 아쿠아커뮤니티)

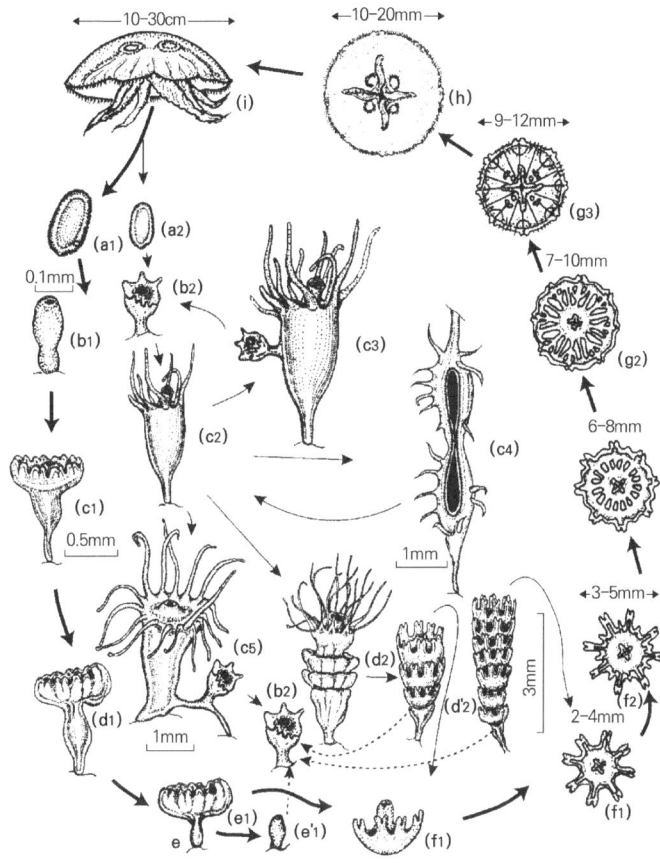

a1: 대형 플라눌라 a2: 소형 플라눌라 b1: 부착한 플라눌라 b2: 초기 폴립
c1:→e1: 플라눌라에서 직접 에피라로 변태하였다. c2: 어린 폴립 c3: 성장한 폴립에서 출아한 폴립
c4: 몸이 횡으로 이분한 폴립 c5: 주근(柱根) 위에 소형 폴립이 출아한다.
d2: 폴립이 성장하여 스트로피라(횡분체)가 된다. d'2: 에피라가 다수 변형되었다(드문 예).
f1~f2: 에피라기 g1~g3: 메디피라기 h: 젊은 해파리
i: 성숙한 해파리, e'1, d2, d'2의 기부는 생활조건이 좋게 되면 점선과 같이 b2가 된다.
굵은 선: 동해/일본해의 특유한 발생 경로(와카사만) 가는 선: 태평양 쪽 등 일반적인 발생 경로

그림 2-13 | 바다 자연환경에서 보름달물해파리의 생활사

토나아카이, 와카야마현, 가고시마만 등)에서는 현재까지 알려지고 있지 않기에, 동해/일본해 특유의 증식 방법이라 할 수 있을 것이다. 이것은 동해/일본해의 동물플랑크톤 분포 밀도가 다른 해역보다 낮고, 양도 적기 때문에 충분한 영양을 저장한 대형 알이 형성되어, 그것이 변태된 플라눌라에서 확실하게 한 개의 에피라를 만드는 지역 특유의 계통군으로 발전한 것일 것이다.

(3) 폴립기의 무성생식

폴립의 무성생식은 3, 4가지 방법 (그림 2-13 c2→c3, c4, c5, d2, d'2)이 알려지나, 자연 해수의 유수식 수조에서 그중 2가지가 보였다. 하나는 c2→c5와 같이 생육한 폴립(3~5mm)이 기는 줄기(走根, storon) 위에 소형 폴립이 형성되어, 그것이 크게 성장하는 경로와 또 하나는 c2→c4와 같이 폴립이 몸을 맞당겨 2개의 폴립이 되는 경로이다. 결국 성장을 계속한 폴립은 24~47일 후(수온 20℃ 이하) 전체의 40% 이하의 개체가 d2, d'2와 같이 횡분열을 개시한다. 형성된 에피라는 두세 장인 것이 대부분이지만(d2), 충분한 먹이가 주어지는 경우는 다수의 에피라가 형성되었던 일도 있다(d'2)

사진 2-7 | 플라눌라에서 직접 변태한 에피라가 일제히 헤엄치기 시작한 상태

근본적으로 성장조건이 나쁜 동해/일본해에서는 에피라의 기저부나 소형의 플라눌라에서 변태한 폴립은 영양조건이 갖춰지는 시점까지 저서생활을 보내고, 그 이후 조건이 좋아질 때까지 기다리다가 횡분열을 하여 부유생활을 한다는 보조 수단을 남겨 놓고 있다고 생각된다. 그러나 앞으로 동해/일본해 연안 해역의 오염이 진행되어 먹이 등의 조건이 좋게 되면 어떻게 될 것인가? 폴립의 무성생식은 1개월에 무려 70배까지 증가하는 경우도 있는 것이 확인되었다. 그렇다면, 플라눌라에서 직접 에피라가 발생하는 효율이 나쁜 사이클은 적게 되고, 효율이 좋은 폴립의 횡분체에 의한 증식 방법이 점차 증대하여 에피라군의 출현이 월등히 많을지도 모르겠다. 그러면 지금 이상으로 해파리 수가 증가할 가능성도 있다. 앞으로는 각 지역의 관계기관이나 발전소를 가진 전력회사 등의 기업이 공동으로, 전향적인 보름달물해파리의 출현에 관한 지속적인 조사와 연구를 진행하여야만 할 것이다.

아. UFO의 성장과 사망

부유기에 들어간 에피라는 앞부분이 이분하여 8장의 꽃잎 모양의 연판을 가지며(2~3mm; 사진 2-8), 1~6월에 내만 깊숙한 해역이나 파도가 없는 연안 해역에 출현한다. 그 이후 변태를 계속하면서 각 연변 사이에 작은 꽃잎을 가지는 메데피라(6~12mm; 사진 2-9)가 되며, 4개월 이내, 대부분은 1~2개월에 어린 해파리(10~20mm, 0.2~0.9g)로 성장한다(사진 2-10). 에피라에서 이 단계까지의 생잔율은 약 6%로 상당히 높았다.

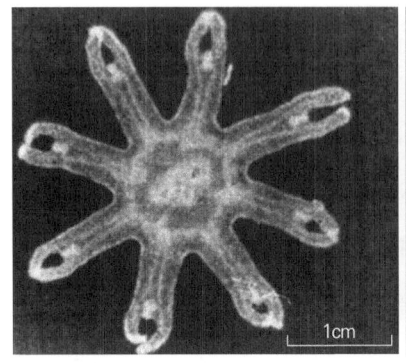

사진 2-8 | 유리된 직후의 에피라   **사진 2-9** | 메데피라

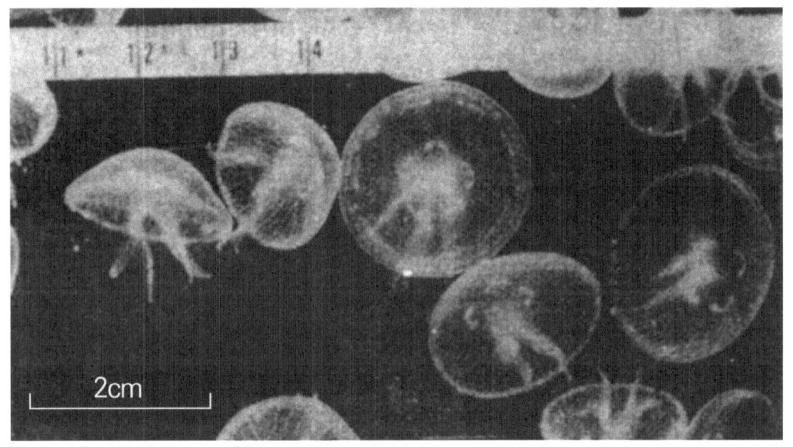

사진 2-10 | 어린 보름달물해파리(제공: 飯鵜釧司)

어린 해파리는 5~6월경(그림 2-14, 왼쪽) 연안의 와류 해역에 집합하
거나, 유황(流況)에 따라 분산하기도 하면서 여름에서 가을에 걸쳐 급격
히 성장하여 월동하며(그림 2-15와 그림 2-16), 약 1년 만에 우산 지름이

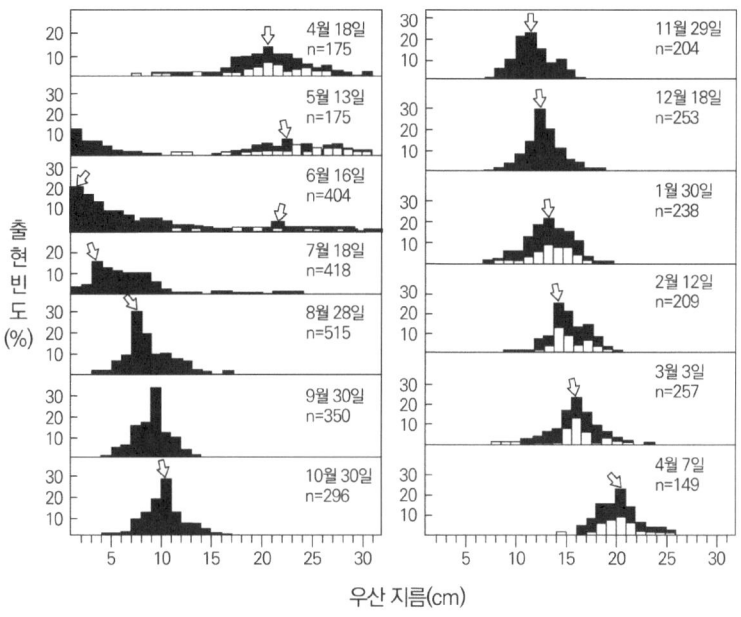

1969년 4월~1970년 4월, 하얀 부분은 수정란과 플라눌라 부착 개체의 비율, n은 개체수, 4~5월에는 우산
지름 20cm 이상의 월동군이 출현하지만, 5~6월이 되자, 1969년 발생한 어린 해파리가 출현하고 있다.

그림 2-14 | 보름달물해파리의 우산 지름의 월 변화

22cm(400g)가 된다(그림 2-15, 오른쪽). 동해/일본해 이외의 연안 해역이
나 내만(도쿄만, 세토나이카이, 와카야마현, 가고시마만 등)에서 다산하는 보
름달물해파리는 지금까지 잘 알려진 플라눌라 → 폴립 → 스토로피라 →
에피라를 걸쳐 어린 해파리가 되고, 그 수명은 해역에 따라 다소 다르
며, 도쿄만에서 7~22개월, 가고시마만에서 10~20개월로 보고되었다.
이들 수역에서는 성장이 빠르고, 반년 이내에 이미 우산 지름이 20cm

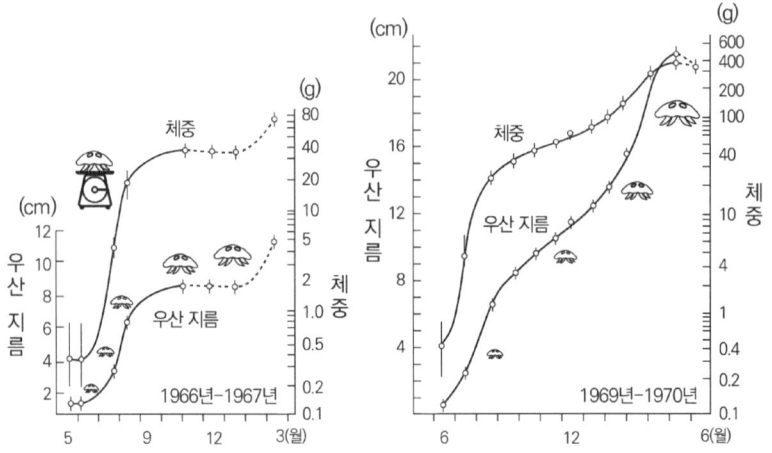

그림 2-15 | 와카사만의 우라소코만에서 보름달물해파리 성장

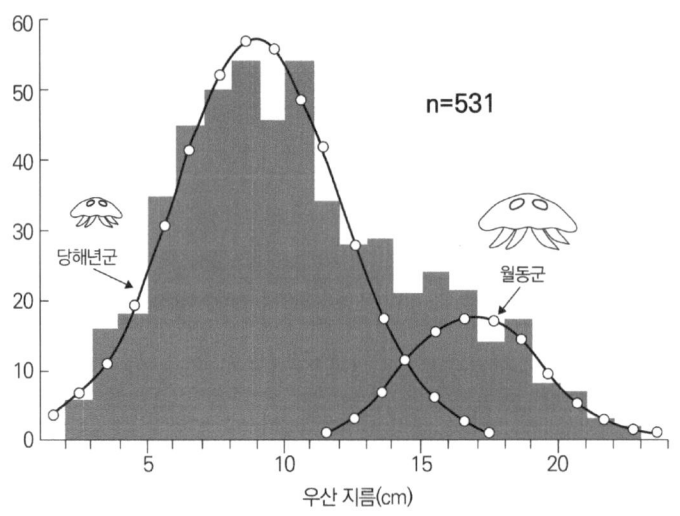

월동한 해파리는 우산의 수관에 분기가 많아 어린 해파리와 구분된다.

그림 2-16 | 우라소코만 보름달물해파리의 우산 지름(연령)별 개체수(1972년 7월)

84

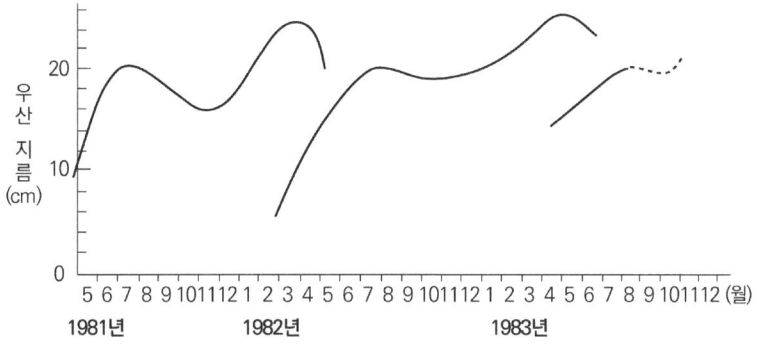

그림 2-17 | 도쿄(東京)만 보름달물해파리의 성장(佐佐木, 1990에서 작성)

를 넘는 것도 많다. 동해/일본해의 보름달물해파리의 늦은 성장은 먹이가 적다는 것이 주된 원인이라 할 수 있다.

　와카사(若狹)만 연안이나 내만 해역에서 발생해 성장한 해파리는 다음해 1월이 되면 일제히 방란·방정을 시작하여 6월까지 이를 계속한다(그림 2-14). 이후 점차 우산의 축소가 시작되면서 소화기능도 저하되어 쇠약해지다가 소멸한다(그림 2-15, 오른쪽). 동해/일본해의 보름달물해파리는 에피라가 된 이후부터 1년 이상, 2년 이내에 일생을 마친다.

자. 섭식 형태

보름달물해파리의 먹이생물과 포식 과정을 특별히 취급하는 것은 근년에 정어리 어획량, 특히 동해/일본해의 정어리 어획량의 감소 경향에 해파리가 크게 영향을 주고 있다고 생각되기 때문이다. 저자가 와카

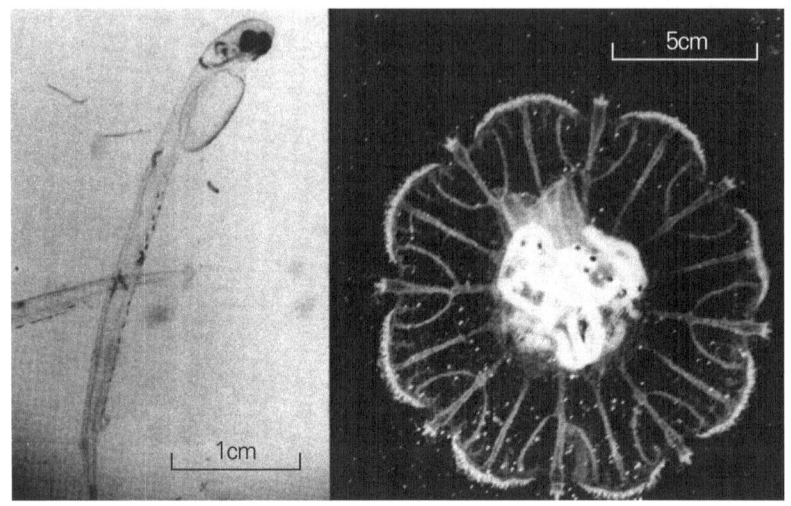

사진 2-11 | 청어의 자어(왼쪽)을 포식 중인 보름달물해파리(제공: H. Möller)

사만의 우라소코만 주변에서 채집한 300개체(우산 지름이 1~24cm) 중에 확인된 7개체의 위 내용물을 조사한 결과, 지각류인 *Evadne*와 만각류인 *Balanus*의 유생 등을 주로 먹고 있었다. 즉 정어리의 먹이생물과 같기에 표층에서 부화한 정어리 자치어는 먹이생물을 대상으로 해파리와 힘든 경쟁을 하는 상황이 된다. 더욱이 해파리는 정어리 자치어도 먹이로 하고 있기에 자치어를 포식한다. 저자의 친구이면서 해파리 연구의 라이벌이기도 한 킬(Kiel) 대학의 H. Möller 교수가 이와 같은 모습을 보여주는 귀중한 기록을 제공하여 주었다(사진 2-11).

그는 1958년 독일 킬만(Kiel Bay)의 보름달물해파리 6,000개체를 조사하여 12mm 개체에서 10마리, 48mm 개체에서 68마리의 청어 일종

*Clupea harengus*의 자어가 포식되어 있는 것을 발견하여, 해파리가 청어의 어획량에 미치는 영향을 처음으로 밝혀냈다(4장 참조). 킬 대학에서도 '재앙을 불러오는 해파리(厄介者)'의 조사 및 연구에 대해 평가해 주는 사람도 거의 없었고, 그나마 냉소적인 시각으로 보는 사람이 많았다고 한다. 해파리가 현재처럼 주목받지 못했던 시대, 저자와 같은 처지에 있었기에 당시 그의 노고와 고뇌를 이해할 수 있다. H. Möller 교수의 연구결과가 발표되자, 금방 독일 국내는 물론 유럽 전역과 전 세계의 해양생물 연구자들에게 매우 큰 영향을 주어, 높은 평가와 찬사를 보냈다. 그로 인하여 H. Möller 교수의 연구실에는 청어를 먹는 보름달물해파리의 큰 포스터가 당당하게 붙어 있고, 많은 대학원생들이 자긍심을 가지고 해파리 연구에 몰두하고 있다(58쪽 사진). 일본에서도 앞으로 같은 분위기가 각 대학 및 시험 연구기관에 퍼져 나가길 희망한다.

차. 보름달물해파리의 천적과 동반되는 생물들

보름달물해파리를 먹는 동물에 대해서는 의외로 잘 알려져 있지 않다. 저자가 조사한 내용 중 주요한 부분을 소개한다.

(1) 갯민숭달팽이류－*Aeolidiella*

연체동물에서 무강류(無腔類, Aeoela) 나새아목(裸鰓亞目, Nudibranchia)의 갯민숭달팽이류의 한 종은 보름달물해파리의 폴립을 왕성하게 먹는다(그림 2-18). 이 갯민숭달팽이류는 스웨덴 서부 굴마(Gullmar) 피오르

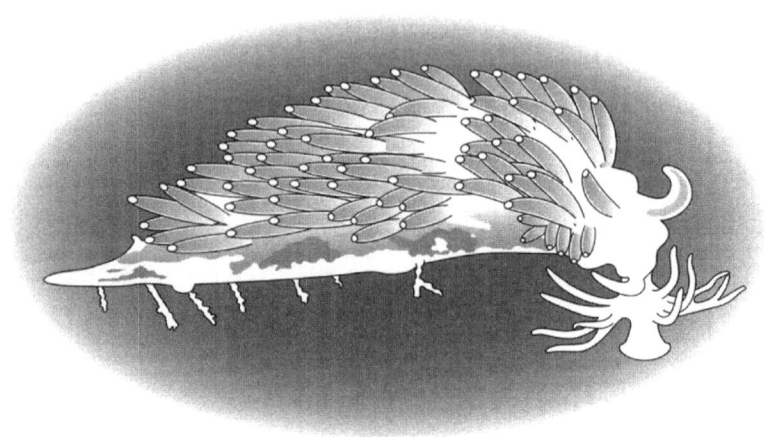

그림 2-18 | 폴립을 포식하는 갯민숭달팽이류의 일종, *Coryphella verrucosa*

(Fjord) 연안에서 9월 하순 이후에 다수 출현하여 한 마리가 하루에 200
개체 이상의 폴립을 먹는 것으로 추정되었다. 이 모습을 실내 실험에서
더욱 상세하게 관찰한 결과 전장 12mm의 갯민숭달팽이류 2마리가 약
2,200개체의 보름달물해파리의 폴립을 이틀 사이에 75% 이상 먹어 치
웠다. 12일 후에는 폴립을 전부 먹어 치워 기아 상태가 되어 한 마리만
생존하였다고 한다. 일본에서의 실험은 가고시마만에서 1~2월에 채집
한 갯민숭달팽이류를 30개체의 폴립이 있는 샤레에 넣었더니 12시간
이내에 모두 먹어 치워 버렸다고 한다. 보름달물해파리의 폴립에 있어
갯민숭달팽이류는 가장 무서운 적이라고 보아도 될 것이다.

(2) 전갱이

새끼 해파리(에피라)를 먹는 동물에 대한 연구는 현재까지 어디에도 보고된 것이 없다. 그러나 저자가 봄에서 이른 여름에 걸쳐 와카사만 동부 연안 해역에서 전갱이가 초기 에피라를 활발히 먹고 있는 것을 수회 목격하였다. 전갱이를 시작으로 연안에 서식하는 어류의 위 내용물에서 어린 해파리가 나왔다는 기록이 없는 것은 다른 동물플랑크톤 등의 먹이에 비해 체형이 얇고 파괴되기 쉬울뿐만 아니라, 소화가 빨리 진행되기 때문일 것이다.

(3) 해파리벼룩(Hyperiidea류) 및 거미게(spider crab)

성체가 된 보름달물해파리에 기생하는 동물로 단각류의 해파리벼룩, *Hyperia galba*가 있다(그림 2-19). 우산 지름이 20cm 이상인 대형이면

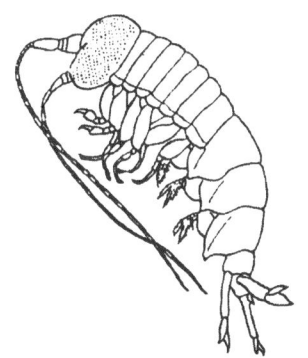

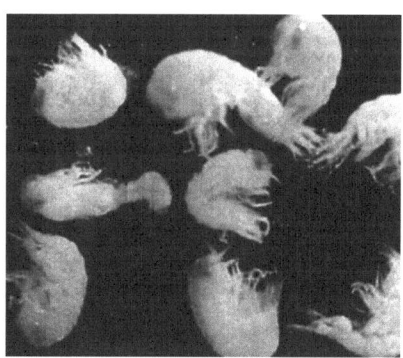

그림 2-19 | 해파리에 기생하는 해파리벼룩   **사진 2-12** | 해파리벼룩의 무리(제공: H. Möller)
(출전: 入江, 1965)

서 활력이 약한 보름달물해파리에 전장 1~2mm의 해파리벼룩이 기생하고 있는 것을 종종 볼 수 있다. 독일의 킬만에서도 같은 현상이 확인되었다. 이 해파리벼룩이 우산 속에 들어가(많은 경우는 1개체에 643마리가 기생하였다), 우산의 일부나 생식소를 먹어 치워, 해파리가 사망하는 원인 중 하나가 되는 것으로 생각된다(사진 2-12).

기타의 갑각류로서는 거미게(Majidae)과의 일종인 *Libinia dubia*(갑장 10~25mm)가 해파리 우산의 위와 밑 그리고 내부에 기생하는 것으로 보고되었다. 또 Scyllaridae과 부채새우 속(Ibacus)의 pirozoma 유생은 보름달물해파리의 외산에 부착하여 해파리와 함께 이동하여 멀리까지 동행하는 것으로 알려져 있다.

⑷ 개복치 및 기타 어류

보름달물해파리를 포식하는 동물로서 잘 알려진 어류에 개복치가 있다(사진 2-13). 지바(千葉)현 근해에서 포획된 전장 2m 정도의 몇 마리 개복치의 소화관에서 확인된 내용물이 대부분은 보름달물해파리였다. 또 고등어나 대구과 일종 *Gadus melangus*는 종종 보름달물해파리 무리에 모여 포식하는 것이 보고되었다.

후쿠이(福井)현에서는 예로부터 쥐치 어획을 위한 통발 어업에 보름달물해파리를 미끼로 사용해 왔다. 또한 저자는 와카사(若狹)만 동부 연안에서 봄부터 이른 가을에 걸쳐 감성돔의 어린 개체가 우산 지름이 10cm 전후인 중형 해파리를 공격하고 있는 것을 수회에 걸쳐 목

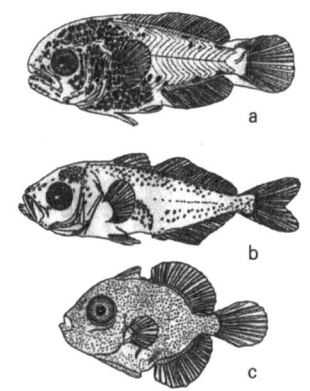

a: 샛돔(9.6mm) b: 가라지(16.2mm) c: 말쥐치(9.5mm)

사진 2-13 | 개복치

그림 2-20 | 보름달물해파리에 모여드는 치어
(壓島, 1961, 1962: 水戶, 1966)

격하였다.

　또 보름달물해파리에는 샛돔이나 가라지, 말쥐치 등의 자치어가 모여드는 경우가 있다(그림 2-20). 치어의 위 내용물을 조사하여 보면, 샛돔은 보름달물해파리를 은신처로만 이용하는 것이 아니라 먹이로서 이용하는 것 같다. 최근 세토나이카이나 사가미(相模)만에서 샛돔의 어획량이 보름달물해파리가 증가하는 것에 맞추어 확실히 늘어나고 있다고 한다.

(5) 바닷새와 바다거북

기타의 포식자로는 도요새나 갈매기류와 같은 바닷새, 장수거북(leatherback, *Dermochelys = Sphargis sp.*) 등의 바다거북류가 있다(사진 2-14). 러시아 선박인 나호토카(NAHOTOKA)호의 중유 유출사고가 있었던 1997년 1월 저자는 와

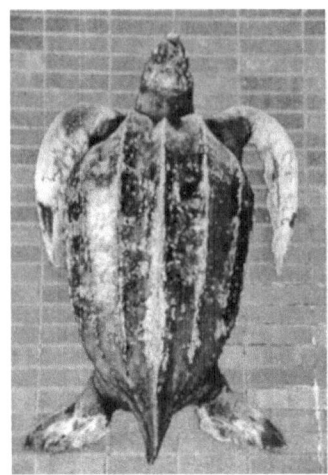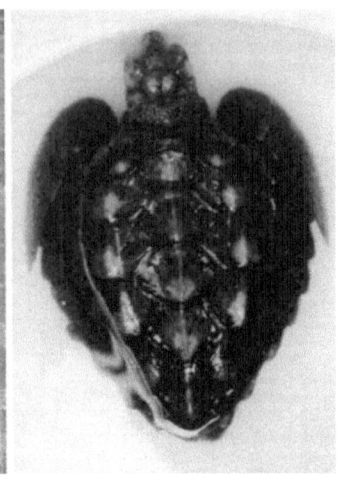

사진 2-14 | 이시카와(石川)현 나나오(七尾)시 정치망에 들어온 장수거북(왼쪽: 갑장 1.6m)과 와카사(若狹)만의 오바마(小濱)만 입구에 표착한 빨강바다거북의 어린 개체(오른쪽: 갑장 12cm) (제공: 松村初男)

카사만의 오바마(小濱)만 입구에 표착한 빨강바다거북(longerhead sea turtle, *Caretta* sp.)[3]의 새끼(갑장 12cm)를 보호하여, 8개월간 사육하였는데, 어류 이외에 보름달물해파리도 먹이로서 충분히 이용했던 것을 실제로 확인하였다.

---

3 일본명은 빨강바다거북으로 번역할 수 있으며, 이와 같이 번역된 자료가 인터넷 등에서 발견된다. 다만 해당 명칭의 정확한 한국명은 확인되지 않는다.

3장 큰덤불해파리

세계 최대급의 재앙 생물(厄介者)

▶ 마이즈루(舞鶴)만에 표착한 거대 큰덤불해파리
  (제공: Kyoto신문 Maitsuru지사)

1. 거대 해파리의 발생과 생태

최근 일본 연안에서 외해에 이르기까지 거대 해파리가 대량으로 출현하고 있다. 2005년에는 규슈(九州)에서 혼슈(本州) 전역, 홋카이도(北海道) 동해/일본해 연안에서 오호츠크해까지 포위되어, 현재에도 막대한 어업 피해를 일으키고 있다. 더욱이 발전소 취수구 해역을 기습하기 시작하였다. 이와 같은 활동의 원흉이 바로 큰덤불해파리이다(사진 3-1, 원색 사진 1, 23-26, 28, 29).

가. 언제부터 출현하였을까?

1920년 가을, 후쿠이(福井)현 다카하마(高濱)읍 오토미(音海) 해안에 설치된 대형 정치망에 다수의 거대 해파리가 입망되었다. 이 표본은 도쿄제국대학의 기시노우에 가마키치(岸上鎌吉) 박사에게 보내졌다. 동 박사는 처음으로 이 해파리를 자세하게 관찰하여 오카야마(岡山)현에서 식용으로 어획하고 있는 식용의 작은덤불해파리(일본명: 히젠해파리)와는 다른 별개의 종이라는 것을 알고, 2년 후에 신속 신종, *Nemopilema nomurai* Kishinouye[1]로 학회에 발표하였다. 본 종의 일본명은 에치젠(越前)해파리이다. 표본으로 이용한 생물의 출현 장소의 옛지명인 에치젠[현재의

---

1 국내에서도 본 종의 한글명을 큰덤불해파리 및 노무라입깃해파리 등으로 혼용해 왔으나, 큰덤불해파리가 일본명으로 잘못 소개되는 등(진재운, 2004)의 과정을 거치면서 노무라입깃해파리로 고착화되는 경향이 있다. 일본명의 유래에서 보듯 노무라입깃이라는 명칭은 해파리의 형태적 특징이나 유명한 분류학자의 이름에서 오는 내용이 아니기에, 본 종의 한글명은 생물의 형태적 특징을 빌어 큰덤불해파리로 하는 것이 타당한 것으로 생각되어, 본서에서는 큰덤불해파리로 번역하였다.

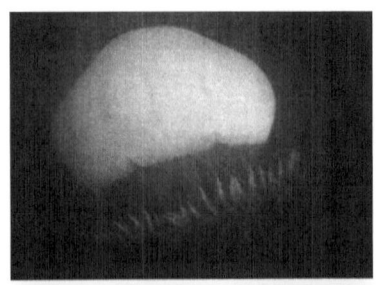

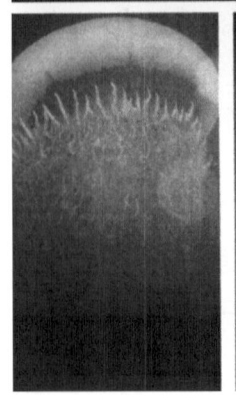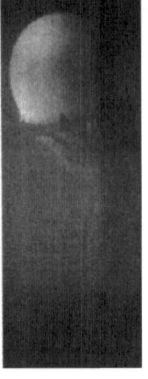

사진 3-1 | 바다에 띄워진 거대한 큰덤불해파리(제공: 島根(Shimane)현 수산시험장)

후쿠이(福井)]에서 유래한 것이며, 학명의 소종명인 *nomurai*는 표본의 발송과 현지조사를 협력하였던 사람들의 대표자로서 노무라(野村)貫一씨를 받들어서 붙인 것이다.

그런데 그 이후 조사에서 1880년에 福井潘校에서 영어와 자연과학 교사로 부임했던 미국의 W.E. Griffis가 일본의 동화를 영역한 중에 후쿠이(福井)현의 미사토하마(三里濱)라고 생각되는 해안이나 미쿠니(三國)항 부근에 접근하였거나, 해안으로 밀려오는 하얀 소형 해파리(보름달물해파리) 외에 대형 해

파리에 대한 기록을 남겼다. 기록에 따르면, 대형 해파리는 우산 지름이 2~3피트(60~70cm), 무게는 큰 어린이 정도이고, 여러 개의 긴 촉수를 가지며, 우산의 색은 빛나는 반투명의 황갈색이고, 식용으로도 이용되었다고 한다. 이는 분명히 큰덤불해파리일 것이다. 즉 기시노우에 가마키치 박사의 정식발표 40년 전에 이미 이 거대한 큰덤불해파리는 '해파리의 대명(왕)'으로서 세계 영어권 청소년들에게 널리 소개되었던

사진 3-2 | '포탄해파리', '양배추머리해파리'로 불리는 동종이명의 해파리. 큰덤불해파리와 혼재하지만 다른 종이다(제공: Th. Heeğer).

것이다.[2]

그 이후 큰덤불해파리는 오랫동안 *Stomolophus nomurai*(Kishinouye)라는 학명으로 일반 동물도감이나 전문서 등에 소개되었으며, 한때에는 '포탄해파리'나 '양배추머리해파리'로 불리는 동종이명이 사용되기도 하였다.

그런데 최근에 들어서 도쿄해양대학 오모리(大森) 명예교수들에 의

---

2 국내에서도 『자산어보』로 알려진 정약전의 『현산어보』에 거대 해파리에 대한 내용이 기술되어 있지만, 해파리를 식용으로 하는 내용이 있어 이를 큰덤불해파리를 나타내는 것으로 설명하는 문헌도 있다(진재운, 2004). 그러나 현재 정확한 종명은 불명확하다.

해 재차 이 해파리에 대한 분류학적인 비교·검토가 된 결과, 양배추머리해파리 등으로 불리는 *Stomolophus nomurai*(Kishinouye)는 큰덤불해파리와는 매우 다른 형태이기에(사진 3-2), 큰덤불해파리의 학명은 원래의 *N. nomurai*로 돌려야만 된다고 제안되었다. 그러기에 앞으로는 큰덤불해파리의 학명으로는 *N. nomurai*를 사용하는 것이 타당할 것이다. 큰덤불해파리의 거대함과 그 출현이 불규칙하였기에 유럽이나 일본, 중국의 분류학자들 사이에 충분한 관찰 기회나 비교·검토가 이루어지지 않아 이와 같은 학명에 혼란이 있었던 것으로 생각된다.

나. 큰덤불해파리의 모습

1995년 가을 시마네(島根)현에서 효고(兵庫)현에 걸친 연안 해역의 수심 1~15m와 후쿠이(福井)현 쓰루가(敦賀)반도 근해에서 정상적인 상태로 부유, 운동(박동)하고 있는 큰덤불해파리의 모습이 처음으로 그것도 컬러로 상세하게 기록되었다(원색 사진 1, 28, 29). 또한 교토(京都)부의 와카사(若狹)만 서부에서는 어린이들을 놀라게 한 거의 완전한 형태의 개체가 표착된 사례도 보고되었다(사진 3-3). 이들을 관찰한 결과는 다음과 같다.

① 우산은 반구형으로 지름 60~100cm, 최대 2m가 되고, 중량은 60~150kg, 때에 따라서는 200kg에 달한다.

② 우산의 표면은 까칠까칠한 상어 피부 모양이며, 색은 반투명한 회색, 핑크색, 연한 베이지색 등으로 변화가 심하다.

사진 3-3 | 마이즈루(舞鶴)만에 표착한 거대 큰덤불해파리에 놀라는 어린이들(제공: 京都신문 舞鶴지사)

③ 우산 가장자리의 틈의 깊은 장소에 8개의 평형기를 가지며, 그 사이에 잘 발달한 연판이 10~12장 있다.

④ 구완 끝부분의 좌우는 위로 돌출하였고, 3~5구역으로 분리된 뾰족한 삼각모양을 한다. 구완에 부착된 뿌리에서 우산의 안정에 관여하는 것

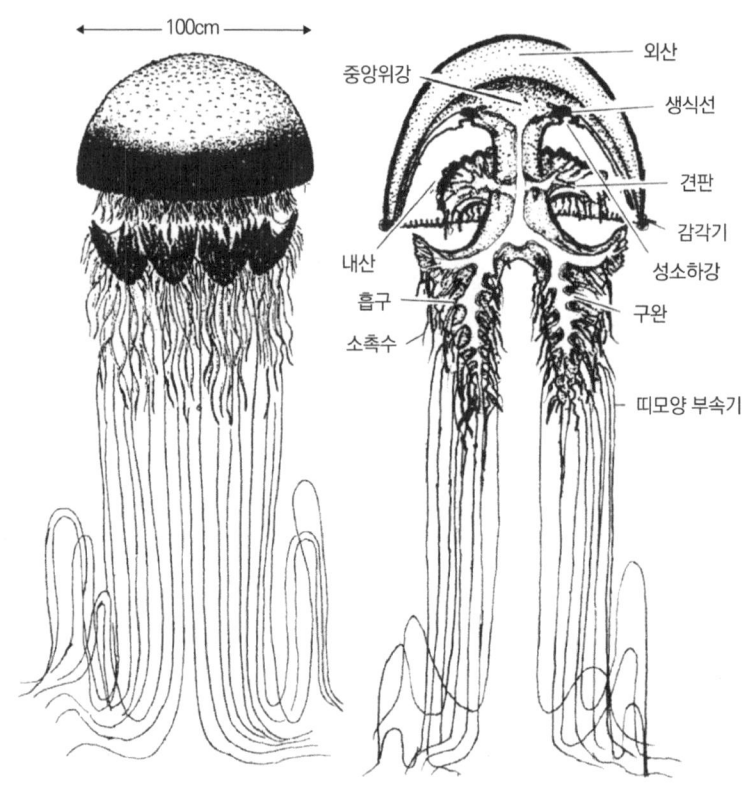

그림 3-1 | 큰덤불해파리의 모양(왼쪽: 西村·鈴木, 1971년 개조)

으로 생각되는 어깨판(그림 3-1, 오른쪽)은 16장이다.

⑤ 베이지색의 구완과 어깨판 밑에는 우유색 또는 투명한 작은 촉수 이외에 자색이 혼재한 코발트색으로 앞부분이 길고 둥근 가느다란 띠 모양의 부속기가 다수 있다. 구완에 붙은 띠 모양의 부속기는 우산 지름의 3~5배 (3~5m) 이상으로, 최대 10m에 달하는 것도 있다(사진 3-4, 아래).

위와 같은 내용이 이번 기록에서 처음으로 확인되었다. 이러한 특징으로부터 큰덤불해파리의 정상적인 외형은 그림 3-1의 왼쪽과 같다고 할 수 있다. 이 크고 길며 가느다란 띠 모양의 부속기는 몸 전체의 안정을 유지할 뿐 아니라, 주위에 작은 난류를 만들어 먹이생물을 포획하기 쉽게 하는 것으로 생각된다.

다음으로 이 해파리의 몸 횡단면은 그림 3-1의 오른쪽과 같이 구완이나 어깨판의 말단까지 연결되어 있다. 작은 촉수나 긴 부속기로 포획된 먹이생물(나중에 기술)은 1mm 전후의 작은 흡(수)구를 통해서 몸속으로 흡입된다. 또 성소하강은 몸의 자세를 안정시키는 것으로 생각되지만, 대형은 15~20cm를 넘으며, 타원형 또는 원형을 하고 있다(사진 3-5). 본 종과 혼동되었던 작은덤불해파리와의 차이는, 작은덤불해파리에는 다수의 촉수 이외에 채찍 및 거룻배 모양을 한 부속 돌기물이 있는 반면, 큰덤불해파리에는 없는 것이 이 두 종을 판정할 때 가장 중요한 포인트가 된다.

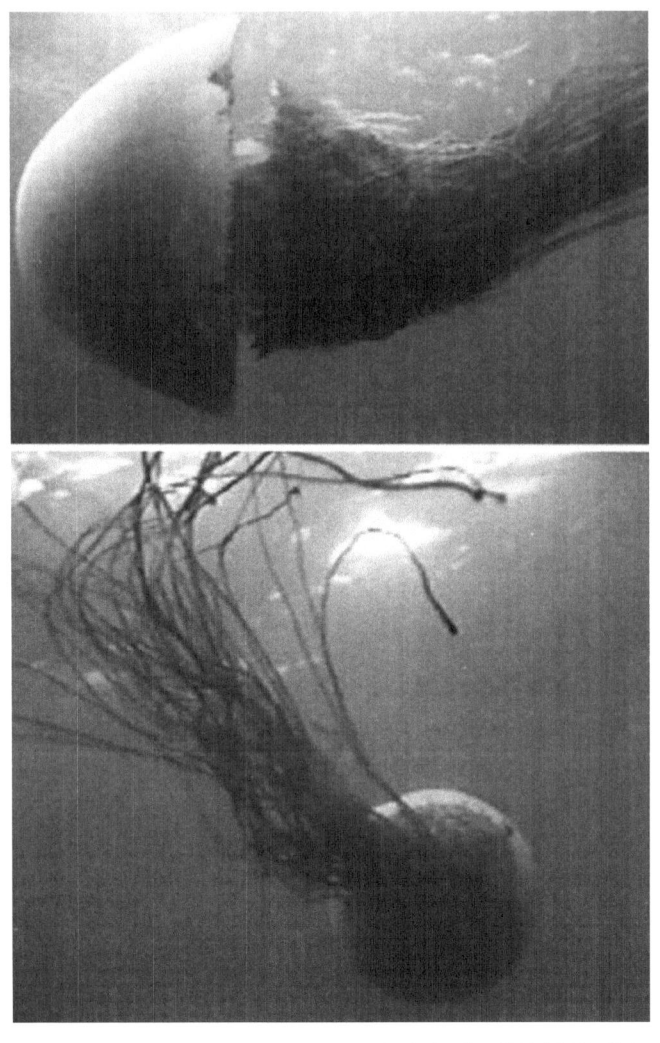

앞부분에 둥글고 10m에 달하는 초콜릿색의 가는 띠 모양 부속기가 있는 것을 분명히 알 수 있다.

사진 3-4 | 바닷속에서 처음으로 기록된 수평으로 유영하는 거대 큰덤불해파리의 전체 모습
(제공: 梶㙛政晴)

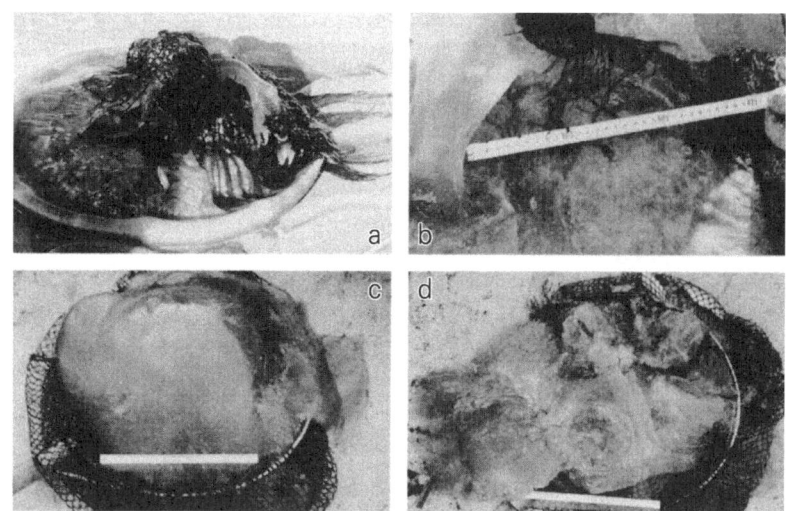

a, b: 후쿠이(福井)현 日向港에 올려진 큰덤불해파리(우산 지름 1.6m, 150kg) c, d: 후쿠이(福井)현 美濱의 전치망에 들어온 큰덤불해파리(우산 지름 1.0m, 50kg), 별사탕 또는 사마귀 모양의 돌기물이 없는 것이 특징. 밖으로 나와 있는 것이 난소.

사진 3-5 | 큰덤불해파리의 성소하강(性巢下腔)

다. 고향은 중국인가, 한국인가?

큰덤불해파리는 주로 동중국해, 황해, 발해만, 한국 동남해안에 분포한다. 기타 동남아시아 각지에서 대형 해파리 8종 이상이 기록되기에, 동중국해 연안 해역의 일부에도 이들 대형 해파리가 출현할 가능성이 있다. 앞으로 전문가에 의한 판정 결과를 기대해 본다.

일본에서는 종종 동해/일본해 연안 해역에서 외해까지 분포하나, 성장하면서 일부는 홋카이도, 대부분은 쓰가루(津輕) 해협을 지나 남하하여, 지바(千葉)현이나 가나가와(神奈川)현에서도 확인된다. 그런데 2005

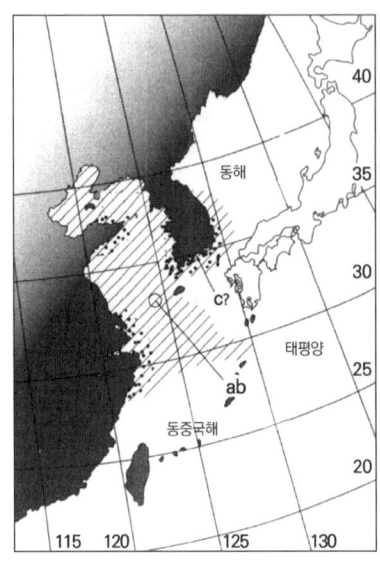

a, b, c는 사진 3-6의 지점을 나타냄

그림 3-2 | 한국 연안에서 황해, 동중국해에 걸친 큰덤불해파리의 출현 및 분포 해역(사선 부분)과 발생 장소(검은 점 부분)

년에는 시코쿠(四國) 남부에서 세토 나이카이, 와카야마(和歌山)현, 미에 (三重)현, 아이치(愛知)현 및 홋카이 도의 오호츠크해 연안 등에서도 출 현하여, 사람들을 놀라게 하였고, 각 지방에서 빅뉴스가 되었다(3장 끝의 자료).

그런데 큰덤불해파리가 태어난 고향(발생 장소)은 대체 어디일까? 아쉽지만 상세한 조사는 거의 이루 어져 있지 않다. 그러나 어린 큰덤 불해파리의 목격 및 현지에서의 탐 문조사에서 ① 한국 남서 및 남동

연안[3], ② 동중국해 상해 연안 및 양쯔강 하구[4], 황해 중앙에서 북부 연안, ③ 쓰시마(對馬)와 규슈(九州) 북서 연안의 일부 등이라고 생각된다.

---

3   일본 NHK에서는 해파리에 관한 다큐멘터리를 제작하면서 한국 서해 중부를 발원지로 지적한 사실이 있으며, 한국 연안을 큰덤불해파리 발생지로 보는 경우는 남해보다 담수 유입이 많고 먹이생물이 풍부한 서해 연안으로 보는 것이 타당할 것이다. 그러나 서해에서 발생한 해파리가 대량으로 동해에 유입되는 현상은 객관적으로 설명될 수 있다.(말미에 자료 제시에 의한 보충 설명)

4   원서에서는 양쯔강 하구 및 상해 연안을 구분하여 취급하고 있으나, 상해 연안은 크게 양쯔강 하구 해역에 포함하기 때문에 혼란을 피하기 위해 상해 연안은 생략한다.

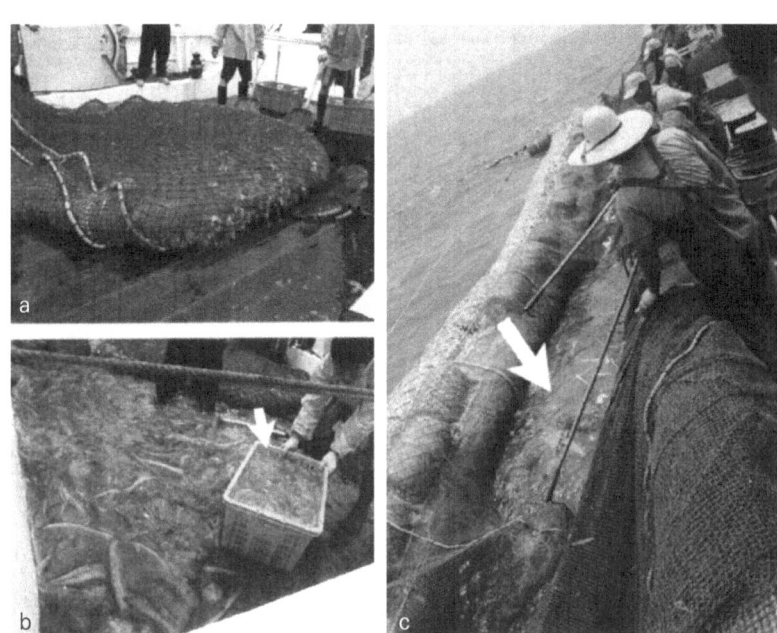

a, b, c 모두 우산 지름은 10~50cm. 화살표는 어린 해파리

사진 3-6 | a, b: 겨우 30분 간 전남대 실습선 동백호의 트롤 예망에서 채집된 1톤의 큰덤불해파리
c: 한국 여수 연안의 대형정치망에 입망된 큰덤불해파리(제공: 廣瀬美由紀)

    이들 중에 ①, ②항이라고 생각되는 것은 2005년 6~7월에 실시되
었던 상해 북동 외양역의 트롤 조사와 한국 남해 여수 연안의 대형 정치
망에서 태어나서 1~2개월 된 어린 소형 해파리(우산 지름 10~15cm)가 1
톤 정도 어획된 것에 의한 판단이다[5](사진 3-6).

---

5 역자를 포함한 한국 전남대학교 실습선 동백호 및 연구 그룹에 의한 연구 성과를 나타내며, 사진
제공하는 동 연구팀 참여자 중 한 사람이다.

③의 일본설은 1960년에 규슈 북서 연안에서 상당량의 큰덤불해파리(우산 지름은 불명)가 확인된 것이라든가, 1996년 봄 시마네(島根)현 연안에서 몇 개체의 소형 해파리가 목격된 사례가 있는 것에 의한다. 쓰시마 연안에서도 탐문조사나 정치망에 의해 소형 해파리 출현이 알려지고 있다.

1995년 가을 저자는 와카사(若狹)만에 출현하였던 성숙한 해파리에서 얻은 플라눌라가 2℃의 수온에서 한 달 동안 생존한 것을 확인하였다. 또 2004~2005년 가을에 채집한 우산 지름이 70~130cm인 성숙한 해파리의 알을 십수 회에 걸쳐 인공수정시킨 결과 일부가 폴립이나 플라눌라가 되는 것을 관찰하였다. 유사한 결과가 히로시마(廣島) 대학의 우에(上) 교수에 의해서도 시마네현 오키(隱枝)섬 부근에서 얻은 개체에서도 보고되었다. 또 신에노시마(新江島) 수족관에서도 2005년 가을 이즈모(出雲)시 연안에서 포획된 해파리가 수조에 자연 산란하여, 수정란이 폴립이 되고, 수족관 내방자에 전시된 일이 뉴스가 되었다. 저자의 실험결과에서 동해/일본해의 연안 해역에 다산하는 보름달물해파리와 비교하면, 플라눌라에서 폴립으로 성장하는 비율이 매우 낮았다. 이것은 아마도 동해/일본해의 높은 염분에 의한 결과라고 생각된다. 이와 같은 사실로부터 일본 근해에서 큰덤불해파리의 발생 가능성은 부정하지 않지만, 지금으로서는 동중국해나 한국 주변 해역만큼 주요한 발생

근원지가 되지는 않을 것으로 생각된다.[6]

그림 3-2에 소형 해파리의 출현에 대한 탐문조사에서 판명한 거의 확실한 그들의 고향(발생 장소)을 나타내었다. 앞으로 매년 일본 근해에 대량 출현하는 이 거대 해파리가 동해/일본해에 점차 적응하여 대규모적인 제2의 고향(발생 장소)이 되지 않기를 기도할 뿐이다. 앞으로는 매년 유생 해파리(에피라)의 발생 상태를 알기 위한 채집조사를 일본, 한국, 중국 공동으로 관계 기관이 연대하여 정기적으로 실시하여 어업 관계자에 그 결과가 공개할 수 있는 체제를 신속하게 만들어야 할 것이다.

라. 큰덤불해파리 내습의 조건

일본에 큰덤불해파리가 나타나는 것은 주로 7~12월이지만 때에 따라서는 2~3월까지 미치는 경우도 있다. 주로 30m보다 얕은 표층에 출현하나, 가끔은 140~152m의 깊은 수심에서도 출현한다. 큰덤불해파리는 다른 해파리강과 같이 8개의 평형기를 가지며, 해수의 흐름, 소리, 빛 등의 외적 자극은 평형기를 통해 우산의 중심부에 빠르게 전달한다. 리드미컬한 연속적인 개폐운동(박동)을 1분에 14~22회 정도하면서 수

---

6 역자를 포함하여 전남대학교 수산해양대학에서는 대학 실습선에 동승하여 2000년 이후 매년 6월 양쯔강 하구역을 포함하는 동중국해의 해양환경 및 어장조사를 실시하였고, 2002년 이후 지속적으로 대상 해역에 대량으로 출현하는 큰덤불해파리의 어린 개체 및 와편모조류 *Prorocentrum donghaiense* 적조가 관찰되고 있다. 특히 본 적조는 1995년 이후 4~5월에 대만난류와 양쯔강 희석수가 만나는 경계역에 대규모로 적조를 발생시키는 것을 보고하는 것(Lu et al., 2002; 윤양호 등, 2003, Tang et al., 2006)으로부터 *P. donghaiense* 적조군이 먹이원으로 해파리 발생을 지탱하는 것으로 추정할 수 있었다.

평, 연직으로 이동한다. 이 값으로부터 우산 지름이 1m인 해파리가 여과하는 해수량을 계산하면 1시간에 무려 120~180톤이 된다. 때문에 먹이가 되는 바닷속 플랑크톤이 해파리에 먹혀 감소하기 때문에 플랑크톤을 이용하는 어류의 자치어나 정어리류의 생존률에 큰 영향을 미칠 가능성이 있다. 또 유영 속도는 최대 0.2~0.3노트(10~17cm/sec)인 것으로 밝혀졌으며, 이 값은 보름달물해파리의 3~6배에 해당한다.

대량 출현한 시기의 수온의 수평, 연직분포 상태로부터 판단하면, 큰 덤불해파리의 최적 수온은 15~29℃이지만, 10℃ 전후에서 운동하는 개체도 있었다. 최근의 동중국해 조사에서도 9월에 저층의 9~16℃에서 채집되었고, 동해/일본해의 11월에 최저 7.5℃에서 유영 기록이 있으므로 무리에 따라서는 저수온의 내성이 다른 해파리보다 강한 것이다.[7]

이 거대 해파리가 낮과 밤, 시간, 날짜에 따라 어떠한 연직운동을 나타내는가에 대해서 흥미 있는 결과를 얻었다(그림 3-3, 3-4). 즉 야간에서 새벽까지는 큰 이동을 하지만, 주간에서 저녁까지는 그다지 이동하지 않는 경향이 나타났다. 이와 같은 이동의 양상에서 실험 대상 개체가 주어진 무리의 대표적인 이동이라고 할 수 있는지 등의 의문은 남지만, 아마도 거대 해파리의 이동을 상세하게 조사한 최초의 시도이기 때문에 앞으로 계속되는 결과와 그 성과 발표가 크게 기대된다.

7　2006년 어린 큰덤불해파리가 출현하는 6월 동중국해 수온과 염분은 표층에서 20.7~21.6℃, 수온 약층 (20~30m)에서 15.2~17.0℃, 염분은 표층에서 28.87~31.88psu, 수온 약층에서는 31.01~33.19psu이며 20~30m에서 강한 수온 약층이 형성되었다.

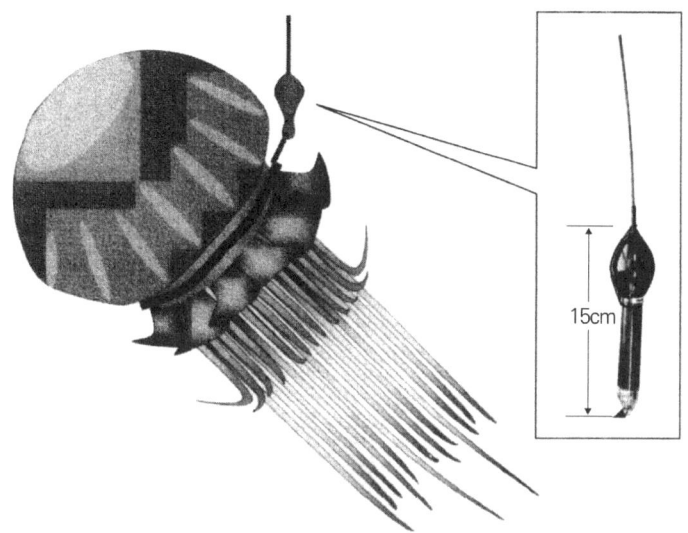

15cm

이와 같은 거대 해파리의 구완 기저부에 검은 밴드로 발신기(M.T사, PTT-100형)를 부착시켜 동해/일본해 중부 외양 해역에서 추적조사를 실시하였다. 그 결과 해파리는 시간이나 날에 따라 연직운동을 반복하여(그림 3-4), 해표면에서 최대 수심 78m, 때에 따라서는 152m까지 이동했다. 평균은 20~25m(표 3-1)로 1958년 대량 출현 때에 어군탐지기로 조사한 결과와 잘 일치하였다.

그림 3-3 | 발신기를 부착한 큰덤불해파리(本田, 2005)

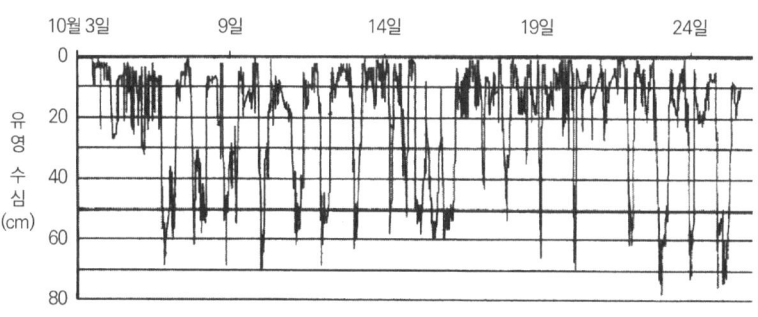

그림 3-4 | 해파리 유영 수심의 시간별 기록의 예(本田, 2005)

관측 기간(일)		2.1	4.5	14.5	4.5
유영 수심(m)	최소	0	0	0	1.4
	최대	78.0	59.1	71.3	49.8
	평균	21.4	27.6	24.6	25.4
수온(℃)	최저	10.4	18.7	14.2	18.6
	최대	23.0	22.9	22.9	22.9
	평균	19.9	21.5	20.2	20.8

표 3-1 | 전자표지에 기록된 대형 해파리의 유영 수심과 수온

마. 대량 발생의 기구(mechanism)

최대 우산 지름이 2m, 중량 150~200kg까지 성장하는 큰덤불해파리
의 동료들인 거대 해파리강의 생활이나 증식 방법에 대해서는 1992년
경부터 중국, 북아메리카, 남유럽의 연구자들에 의해 상세히 조사되었
다. 그중에서도 중국의 고 J. Chen 박사와 그의 연구 그룹은 동중국해
연안이나 발해만에 출현하는 식용 작은 덤불해파리 등 2, 3종의 대형
해파리는 대체로 유사한 생활사를 가지는 것으로 기술하였다. 생전 J.
Chen 박사와 친하게 지낸 일도 있고, 저자도 1995년부터 같은 연구를
시작하여 지금에 이르고 있다. J. Chen 박사와 저자의 연구로부터 큰덤
불해파리가 왜 거대하게 되며, 대량으로 발생하는지 등에 대한 기초적
인 기구를 정리해 보았다.

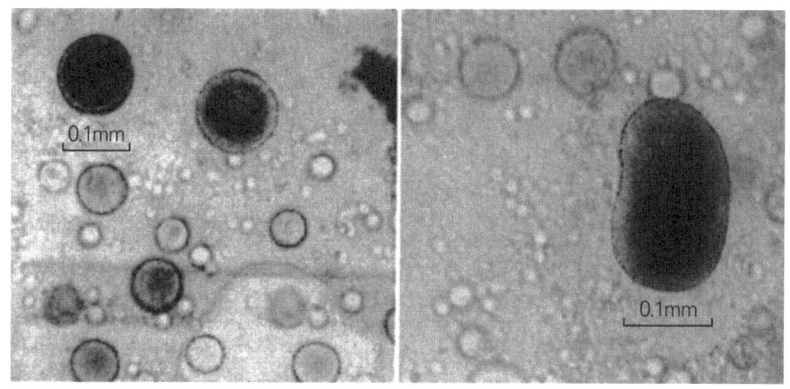

(1) 1년에 몇 번이고 산란한다.

동해/일본해에 유입된 큰덩불해파리는 우산 지름이 약 50~60cm(가끔 30cm) 이상으로 성숙하여, 수놈의 생식소는 핑크가 들어간 우유색, 암놈은 진한 베이지색이 된다. 성숙된 알을 조사한 결과로부터 번식기는 8~12월, 때에 따라서는 2~3월까지 이른다는 것을 알 수 있다. 난소 속에는 오렌지색으로 100㎛ 정도의 완숙된 알과 이보다 작은 무색의 80~100㎛의 알, 20~50㎛ 이하의 미성숙 알 등 3그룹이 있었다(사진 3-7, 왼쪽). 이와 같이 난소 속에 성숙도가 다른 알이 있는 것으로부터 큰덩불해파리는 한 번이 아닌 여러 번으로 나누어 산란하는 것을 알 수 있었다.

(2) 막대한 포란수

2004년 가을 외양 해역에서 포획한 우산 지름이 70~130cm인 해파리가 가지는 알 수를 추정해 본 결과 무려 1,000만 립을 중심으로 하여 300만 ~4.2억 립에 달하였다. 한 번의 산란수는 전체의 25~40% 정도일 것이다.

(3) 저수온에서도 수정, 활동 가능하다.

10월 하순에서 11월(20℃ 전후)의 해수가 아직 따뜻한 시기에 채집한 성숙한 알은 무려 2℃의 냉장고에서도 3일간 충분히 수정 가능하였다. 잠두콩 모양의 플라눌라는 2℃의 저온에 1개월 방치하여도 정상적인 나선운동을 하기에 서부 동해/일본해의 겨울에 최저 표면 수온 5℃에서도 죽는 경우는 없을 것이다.

(4) 증식효율이 높은 무성생식(그림 3-5)

플라눌라는 빠르면 24시간 이내, 늦어도 수일 동안 유영한 이후, 거의 일주일 이내에 정착하여 소형의 폴립(0.5mm)이 된다(d). 그 이후 대형 해파리 특유의 돔 모양의 입자루를 가지는 폴립(2~5mm)이 된다(e). 여기서부터는 보름달물해파리와 조금 다른 증식 방법을 한다. 큰덤불해파리의 폴립은 주로 돌 등에 부착하여 그 위를 이동하고, 이동한 이후 남겨둔 족반이나 몸 기저부의 조직 덩어리로부터 어린 폴립을 계속 출아하여 무성생식을 하면서 월동한다(e'). 그 후 4~5월에 걸쳐 수온 상승기에 횡분열(f, f')하여, 연판에 2~3조각이 있는 에피라(2~3mm)(g)를 3~8매 만든다(3~4매가 많다).

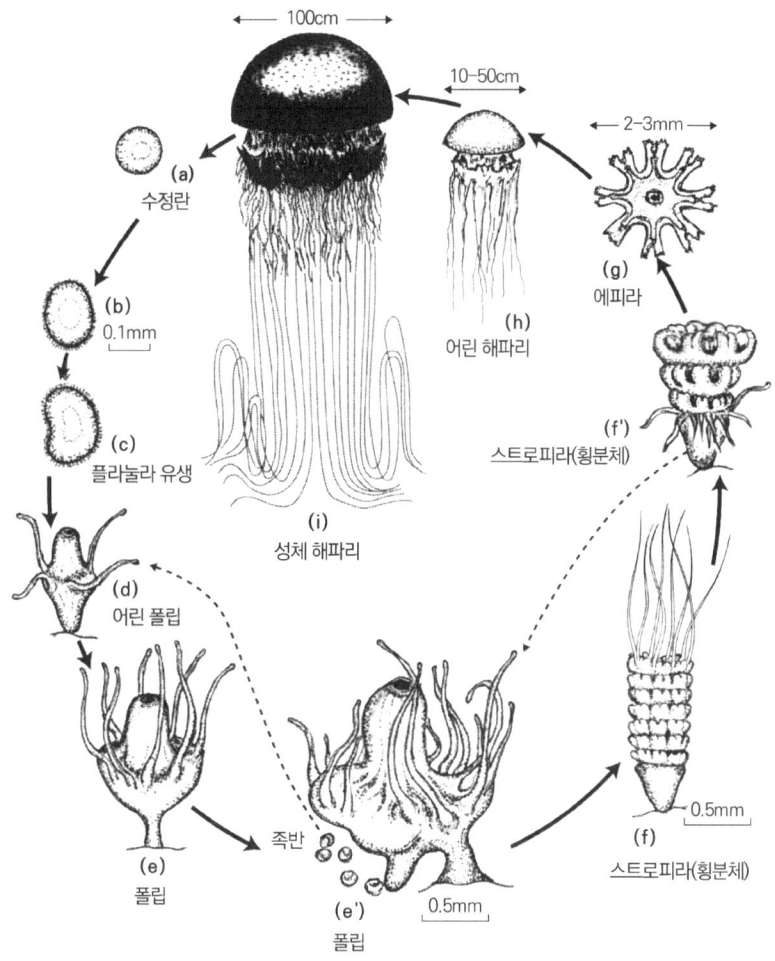

```
         ← 100cm →

                              10-50cm
       (a)
      수정란
                                              ← 2-3mm →

       (b)
      0.1mm                     (h)            (g)
                              어린 해파리         에피라

       (c)
    플라눌라 유생
                                              (f')
                                         스트로피라(횡분체)
         (i)
      성체 해파리

       (d)
      어린 폴립

                                              (f)
                     족반                  스트로피라(횡분체)
       (e)                                    0.5mm
      폴립
                    (e')
                    폴립      0.5mm
```

수정란(a)에서 변태한 플라눌라 유생은 200~300㎛이다. 우산 밑이나 구완에서 나온 것은 타원형(b) 또는
잠두콩(c) 모양(사진 3-7, 오른쪽)이 많고, 인공수정한 것에는 긴 오이 모양이나 소시지형이 많았다.

그림 3-5 | 큰덤불해파리의 생활사

⑸ 경이적인 성장력

에피라의 성장은 빠르며, 미소 또는 소형의 플랑크톤을 먹이로 하여(나중에 설명), 1~2주 후에는 변태를 시작한다. 약 1개월 이후에 우산 지름이 1~4cm(足立, 2007년 3월 私信), 더욱이 1~2개월에 10~50cm 이상의

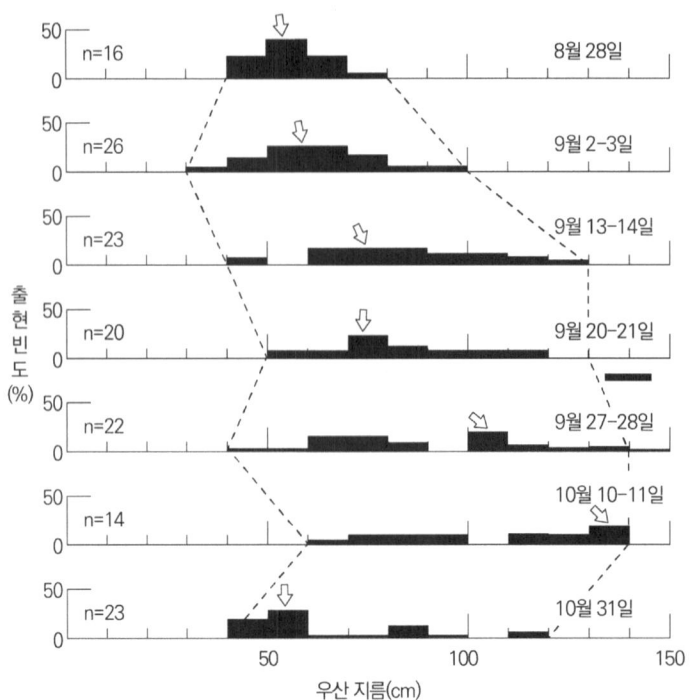

9월 13~14일에서 10월 10~11일 사이에 50~60cm 이상 엄청나게 커졌다. 10월 31일에는 50cm 정도의 새로운 무리가 나타난다.

그림 3-6 | 큰덤불해파리의 경이적인 성장 모습(豊川, 安田, 井口, 2005)

114

어린 해파리로 성장하는 것으로 추정된다(h). 동해/일본해의 현장조사에서 30cm의 해파리가 1개월 후에 70~80cm가 되고, 50~60cm의 무리는 1개월 후에 100~150cm, 최대 200cm(150~200kg)까지 성장한다. 또 우산 지름이 D(cm)와 습중량(g)과의 사이에도 홋카이도대학 히로세(廣瀨) 박사에 의해 W=0.083D2.86이라는 관계식이 알려져 있다. 2005년에 처음으로 저자가 월, 순(旬)별로 측정한 결과를 참고로 나타내면, 무려 1개월에 50~60cm 이상 성장하는 것을 확인하였다(그림 3-6).

　이상과 같이 다른 동물에서는 생각할 수 없을 정도로 빠른 성장을 하여 대형화한 해파리는 방란, 방정을 계속하는 것이다. 이처럼 무서운 생명력과 성장력을 가지면서 거대화한 큰덤불해파리의 수명도 대략 1년이다(단, 폴립의 수명은 불명). 달이 진행되면서 해파리는 점차 우산의 지름이 축소되기 시작하고, 촉수와 10m가 넘는 장대한 띠 모양의 부속기를 상실하면서 수온이 낮아져 해저로 침강하거나 해안의 육상으로 끌어 올려져 죽게 된다. 보름달물해파리처럼 월동하여 재차 부유생활을 시작했다는 증거는 현재로서 발견할 수가 없다. 그러나 최근에는 10월 하순에도 50cm 전후의 어린 소형 해파리가 출현하고 있다. 흉조가 아니었으면 좋으련만, 앞으로 이 무리는 충분한 주의를 필요로 한다(그림 3-6, 밑부분).

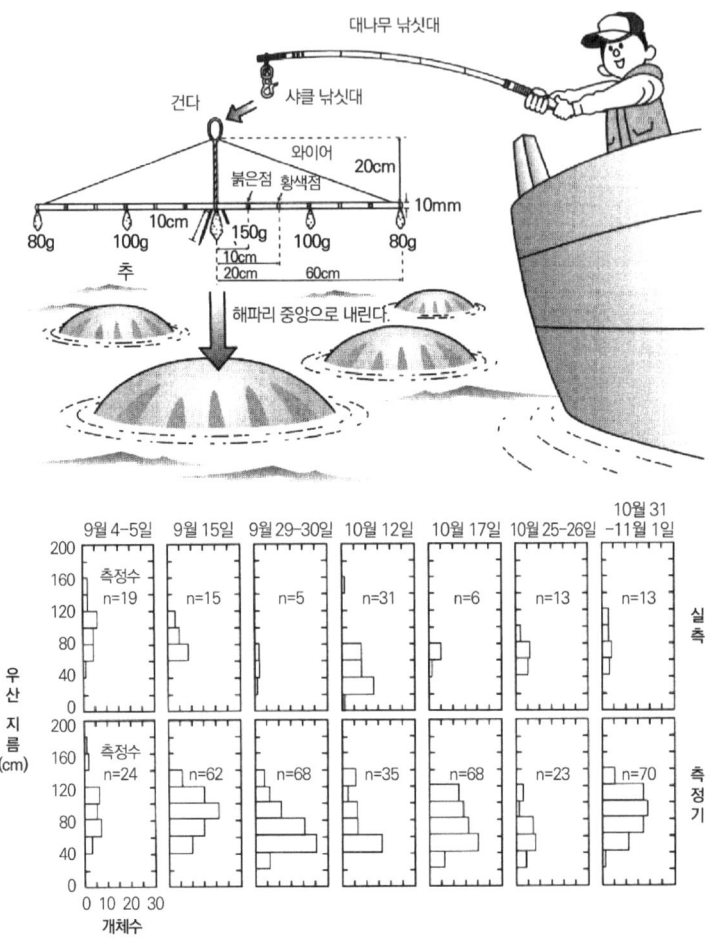

① 측정기를 낚싯대의 샤클에 걸고, 낚싯대를 선박 밖으로 뻗어 선외 5~6m 범위에 있는 해파리 중심에 맞추어 내린다.

② 바늘이 해파리를 찌르고 있기에 측정기가 해파리 중심에서 미끄러지지 않고, 색으로 마크한 길이를 보고 우산 지름을 읽는다. 해파리를 선상으로 끌어올려 실측하는 방법에 비하면 몇 배 많은 표본을 측정할 수 있기 때문에 신뢰도 높은 자료를 적은 노력으로 얻는다. 실측과 측정치의 평균값에 거의 차가 없다.

그림 3-7 | 야스다(安田)식 거대 해파리 우산 지름 측정기 사용방법(위)과 결과 비교(아래) (아래 그림: 豊川, 安田, 그림)

Study 거대 해파리의 우산 지름 측정방법

큰덤불해파리 무리를 연구하기 위해서는 가능한 많은 측정 및 관찰 자료가 있는 것이 좋다. 해파리 크기를 측정하는 것도 그중 하나이지만 거대하면서 종종 60㎏을 넘는 해파리를 배 위로 끌어올려 측정하려면 어른 서너 명은 필요하게 된다. 즉 대단한 노력과 시간이 필요하며, 효율은 매우 나쁘다. 그래서 그림 3-7과 같이 측정기를 고안하였다. 이것은 해면에 부상한 해파리가 우산을 완전히 연 상태의 최대 우산 지름을 측정하기 위한 것이다. 선상으로 끌어올리는 종래의 방법보다 단시간에 몇 배로 많은 표본 측정이 가능하다. 또 신뢰도 높은 데이터를 적은 노력으로 얻을 수 있다. 저자는 겨우 7회의 승선으로 300개체 이상의 우산 지름 측정에 성공하였으며, 녹음기를 이용하면 1,000개체 이상의 자료도 얻을 수 있을 것이다.

바. 무엇을 먹어 거대화되는가?

거대 해파리는 대체 어떠한 먹이생물을 먹어서 이렇게 성장하는지 알고 싶은 사람도 많을 것이다. 바다에 사는 거대한 생물이라면 대형 고래류[8]나 고래상어[9]를 생각하게 된다. 일부 이빨 고래류를 제외하면 그

---

8 현재 지구상의 가장 큰 대형동물은 흰수염고래로 길이가 30m 이상이며, 몸무게는 150톤을 넘는다. 수천 마리만이 생존하는 것으로 알려져 있다.

9 고래상어(*Rhincodon typus*)는 길이 12m 이상, 몸무게 13톤에 이르는 대형 해양생물로 플랑크

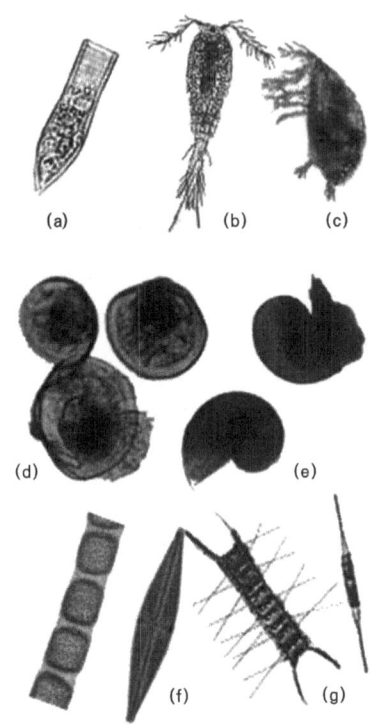

들은 크릴새우나 소형 어류를 대량 먹는다. 실제 큰덤불해파리와 같이 대형 해파리도 부착생활을 하고 있는 폴립의 세대부터 소형 플랑크톤을 주된 먹이로 하고 있다.

해파리 구완 위에 있는 촉수나 가는 띠 모양의 부속기에는 자포 이외에 포획한 먹이생물을 잡아 붙여두는 점액이 분비된다. 이 점액물질을 스포이트로 모아 현미경으로 관찰한 결과, 규조류 (*Stephanophyxix*, *Navicula*, *Chaetoceros* 및 *Nitzschia* 속 등) 등이 보였으며, 이외에 원생동물인 유종 섬모충류, 소형 요각류, 만각류(*Balanus*)의 유생, 이매패 및 권패류의 유생 등, 동물성 플랑크톤도 많았다(사진 3-8). 해파리는 이와 같은 먹이생물 이외에 해양 환경오염 원인의 하나인 해수 중의 입자상 미소 유기물

a: 유종 섬모충류 b: 소형 요각류
c: 만각류(*Balanus*)의 키프리스유생 d: 이매패의 유생
e: 권패의 유생 f~g: 규조류

사진 3-8 | 큰덤불해파리의 먹이가 되는 생물

톤 등을 걸러먹는 수염상어과 어류이다.

도 같이 먹기에, 해수 정화에 공헌하고 있음도 생각해 두자. 즉 폴립이나 해파리도 소형의 동·식물 플랑크톤을 이용하는 잡식성 동물이라고 보아도 좋을 것이다.

사. 큰덩불해파리에 모여드는 고기들

큰덩불해파리를 채집하면 함께 포획되는 동물들이 있다. 어류로는 샛돔이나 쥐치, 말쥐치, 돌돔, 참돔, 점주둥치, 줄도화돔 등이다. 이 외에 해파리새우 등도 발견된다(사진 3-9, 3-10). 이들은 거대 해파리를 은신처로 하여 살면서 해파리 몸의 일부를 먹이로 사용한다. 또 소형 어류는 띠 모양의 부속기 사이를 유영하면서, 해파리가 모아둔 미소한 플랑크톤을 가로채고 있는 것이다.

기타 최근에 본 종의 외산(exumbrella)에서 거미새우과의 유생이 발

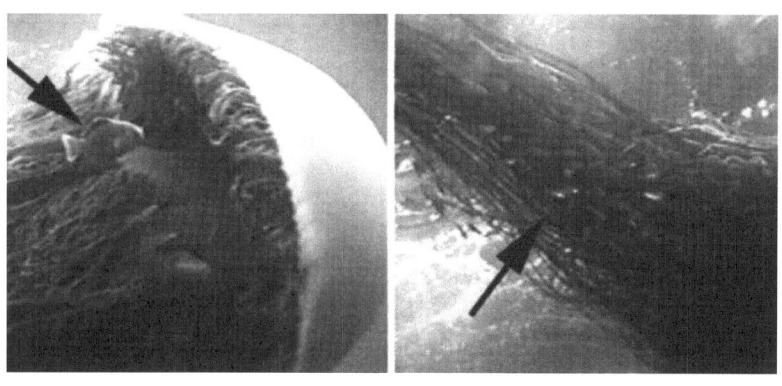

사진 3-9 | 유영하는 큰덩불해파리에 모여든 샛돔(왼쪽)과 점주둥치(오른쪽)

견되었다. 구완 기둥에는 전장 2~7cm의 Lepadidae과의 따개비 일종
인 *Alepas*가 집중적으로 부착하고 있는 것이 확인되었다. 이들은 해파리
에 운반되어 이동하면서, 서식분포를 넓히는 결과를 가져온다. 따라서
*Alepas*의 부착 상태를 조사하는 것은 거대 해파리의 출현, 성장 장소나
이동 경로를 추정하는 경우 중요한 지표로 이용될 수도 있다.

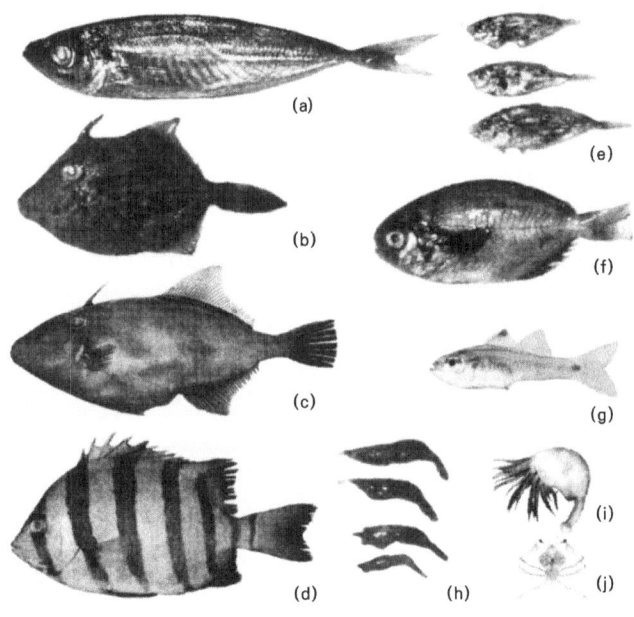

a: 참돔 b: 쥐치 c: 말쥐치 d: 돌돔 e: 점주둥치 f: 샛돔 g: 줄도화돔 h: 해파리 새우
i: *Alepas* j: 거미새우 유생

사진 3-10 | 큰덤불해파리를 이용하고 있는 어류와 갑각류

즉 큰덫불해파리와 그에 동반하여 생활하는 동물과의 관계는 생물학적으로도 대단히 흥미 깊은 많은 과제를 포함하기에, 앞으로도 계속 관련 자료를 수집해야 할 필요가 있다.

아. 일본열도가 거대 해파리에 포위되었다.

동해/일본해에 큰덫불해파리가 대량(이상) 발생한 예는 1920년 이래, 소규모나 중규모를 포함하면 15회 이상 된다. 그중 비교적 상세하게 기록이 남은 출현 연도의 해황이나 해파리의 출현 상황은 3장 끝에 자료로 정리하였다. 상세하게 알고 싶은 독자들은 참조하기 바란다.

대량 발생 상황과 어업 피해로부터 판단하면, 최대 규모는 1958년이며, 다음에 2003, 2005, 2006년, 그다음에 2002, 1995, 2004년 순이 될 것이다. 2005, 2006년의 경우는 조사가 진행되고 있어 정리되면 2003년을 상회할 수도 있다. 즉 앞으로도 난류의 영향을 받는 일본 해역에서는 큰덫불해파리가 출현하여, 심각한 피해가 점차 확대됨과 동시에 출현 빈도가 높아질 것이다.

이 중 2005년은 종래와는 매우 다른 출현 상황을 나타내므로 여기에 특별히 정리하여 본다.

(1) 출현기가 가장 빠른 7월이었다.

해파리류가 '해파리형'을 증식시키는 기구(mechanism)는 다음과 같다.

① 보름달물해파리처럼 수온 하강기에 폴립이 횡분열하는 그룹

② 대형 작은넙불해파리처럼 수온 상승기에 횡분열하는 그룹 등 두 그룹으로 구분된다.

큰넙불해파리는 후자의 그룹에 속하기에, 주요 발생 해역(산둥반도에서 양쯔강 하구)의 해수 수온이 상승하기 시작하는 시기가 빨라져 부영양화에 의해 폴립의 먹이 조건이 좋아진 것과 중복되어 에피라의 유리가 빠르게 되고, 해파리형의 출현도 빨라졌을 것이다. 사실, 최근 동중국해 및 황해의 표면 수온은 4℃ 이상 상승하였다. 더욱이 2005년은 어린 해파리가 분포하는 동중국해의 저염 해수가 여름에 쓰시마(對馬) 방면으로 우세하게 확장된 것이나 규슈 방면에서 태평양쪽으로 향하는 여름의 해상풍이 강했던 것도 하나의 원인이 되었을 것이다.

(2) 해파리 크기에 편차가 컸다.

2005년 6월 하순과 7월 하순에 동중국해 해상과 그 남부에서 각각 10~15cm 정도의 소형 해파리를 포함한 1톤 전후의 해파리 어획이 있었다. 또 7월 중하순에 한국 여수 개방 해역의 대형 정치망에서도 소형 해파리가 대량 채집되었다(사진 3-6). 즉 2005년은 추정된 발생 해역의 거의 전 해역에서 거대 해파리가 광역적으로 발생하였다고 볼 수 있다.

크기의 편차는 발생 시기가 다르거나, 부유 및 이동 거리가 다른 것을 나타낸다. 예를 들면, 한국 여수 연안에서 발생한 무리는 소형(20~50cm 이하)인 상태로 깨지기 쉽고, 단기간 내에 동해/일본해에 유입되었다고 생각되며, 이것에 쓰시마(對馬) 난류역의 일부에서 발생한 것이 추가되었을 것이다. 이에 반해 동중국해에서 발생한 것은 구로시오 (黑潮) 해역에서 포획되기까지 그 부유기간이나 이동 거리가 길었으므로 그 사이에 우산 지름이 1m 이상으로 성장하였다고 생각된다. 또 대량 발생에 의해 먹이가 되는 미소 플랑크톤이 부족하였다면, 해파리 각 개체의 성장에 다소 차이가 있을 수도 있다.

(3) 처음으로 구로시오를 타고 왔다.

지금까지 설명한 것처럼 2005년은 동중국해에서 한국 연안 해역에 이르는 넓은 해역에서 3~7월(주로 4~5월)에 걸쳐 거대 해파리가 발생, 성장한 것은 거의 틀림없다. 동해/일본해의 쓰시마 난류 해역에 한정된 큰덤불해파리가 태평양 쪽의 구로시오 해역에서도 출현하는 것은 무엇 때문일까?(그림 3-8)

한 가지 이유로는 큰덤불해파리를 본격적으로 연구하기 시작한 일본 해구수산연구소(니가타현)는 발생지가 남으로 이동하였기 때문이라고 보도하였지만, 2005년의 소형 해파리의 채집 결과로부터 '이동'이 아니라 발생지가 남으로 확대되었기 때문이라 생각하는 편이 옳을 것이다.

기타 양쯔강 하구 해역에서 발생한 해파리의 일부가 중국대륙 연안수의 영향으로 남하하여, 대만의 북쪽에서 동쪽의 해역에 정체하여 성장하였다. 그 후 북상하는 난류를 타고, 평년보다 2개월 정도 빠른 8월에 쓰시마 난류와 분기한 구로시오에 운반되어, 태평양 서부 연안에 출현, 표착한 것으로 생각하는 것이 타당할 것이다. 이러한 추측을 가능하

게 하는 것은, 중국산으로 사용하고 버린 라이터의 표착 상태로부터 증
명할 수 있기 때문이다(그림 3-9).

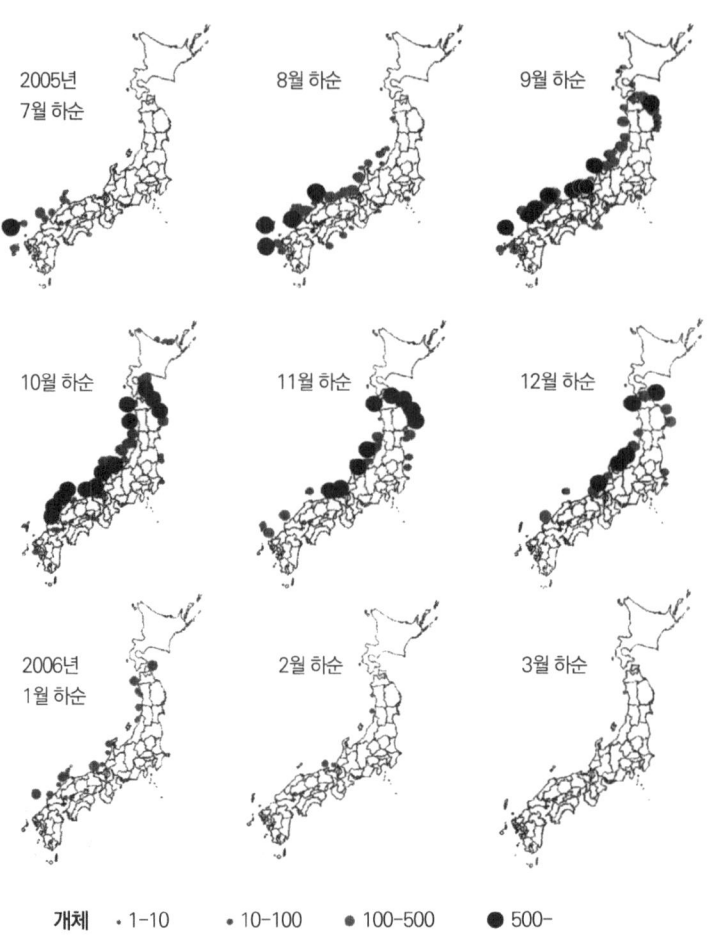

개체   · 1-10   • 10-100   ● 100-500   ● 500-

그림 3-8 | 정치망에 입망된 큰덤불해파리의 수(2007년 7월~2006년 3월)
(수산종합센터, 2006년 자료를 인용 작성)

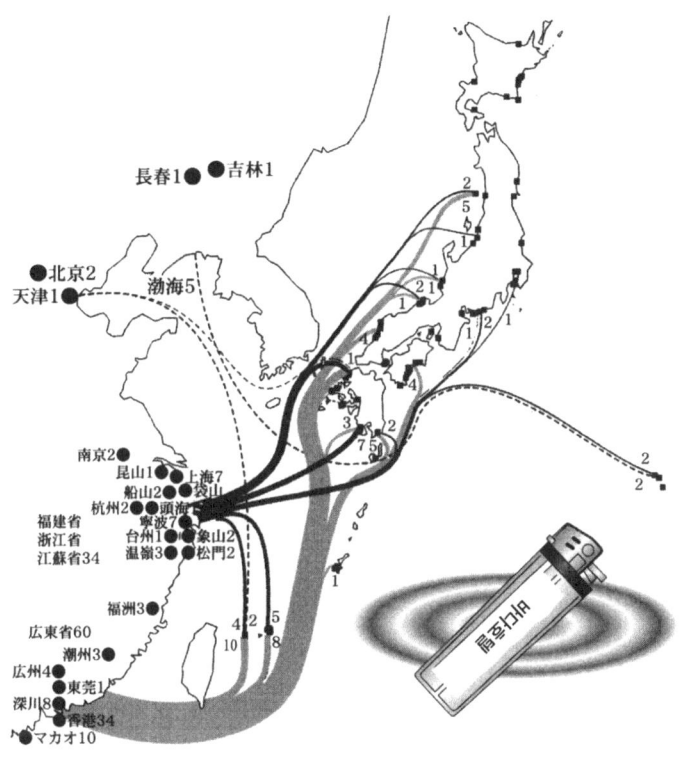

長春1● ●吉林1

北京2●
天津1● 渤海5

南京2●
昆山1● ●上海7
杭州2●●船山 ●袋山
福建省 寧波7●
浙江省 台州1● ●象山2
江蘇省34 温嶺3● ●松門2

福洲3●

広東省60
潮州3●
広川4●
東莞1●
深川8●
香港34
マカオ10

저장성의 상해나 항주만 등에서 버린 1회용 라이터는 동해/일본해 연안을 중심으로 표착하고 있지만, 일부는 엔슈나다 (遠州灘)나 도쿄만에도 표착한다.

그림 3-9 | 사용하고 버린 중국산 라이터의 표착 상황(藤枝, 2006)

자. 큰덤불해파리의 무리는 두 그룹

일본 근해에 유입되는 해파리 무리는 언제 어디에서 오는 것일까? 1995년 가을에 동해/일본해 연안을 북상한 해파리의 무리는 12월 중순에 미야기(宮城)현 북부 연안에서 소멸하였지만, 이와 같은 시기에 쓰

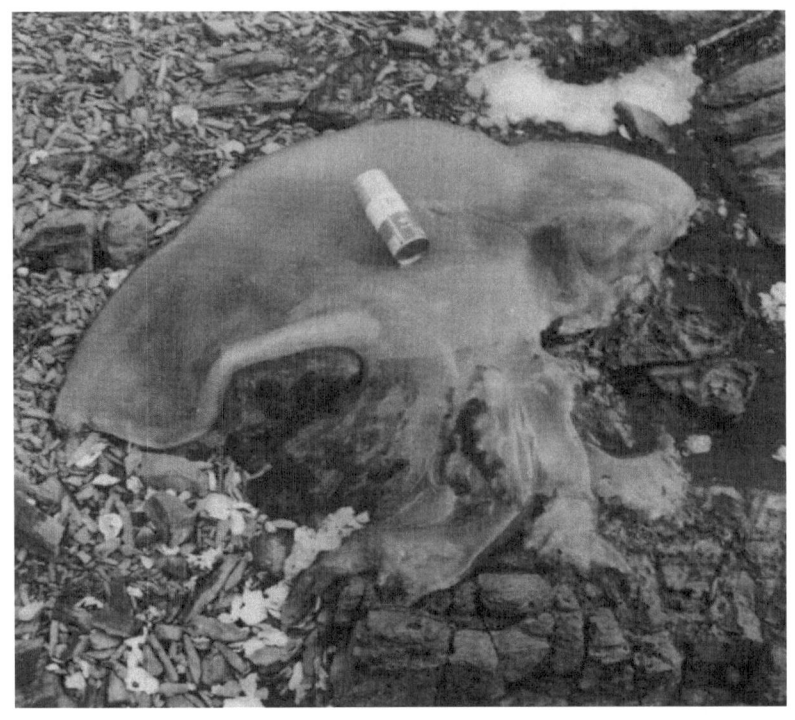

사진 3-11 | 동계(12월 상순), 쓰시마의 아소만에 떠밀려 온 우산 지름 80cm인 큰덤불해파리 (제공: 久保田 信)

시마의 아소(淺芽)만 도토리우라(鳥取浦)에서 우산 지름 80cm 정도의 완전한 큰덤불해파리가 표착되었다(사진 3-11).

2002년에는 난류수괴나 주변에서 성장하였다고 생각되는 무리가 8월 하순에서 10월 상순에 걸쳐 북서 계절풍에 운반되어 와카사만~도야마만의 해안에 일제히 출현한다. 또한 이와 동시에 규슈 북부 외양에서 별도의 무리가 야마구치현 연안을 따라 북상해 온다. 2003년에도 이러한 현상이 발생하였다. 이와 같은 사실로부터 저자는 동해/일본해에 근접하는 해역에는 다음 두 무리가 있으리라 생각한다.

(1) 조기 내유군(來遊群)

이것은 많은 어업인들이 '외양에서 솟아올라 오는 대형 해파리'라고 하는 무리(계군)를 나타낸다. 주로 한국 남동 연안 해역에서 발생한 어린 무리로서 동중국해에서 발생한 무리(계군) 일부가 더해져 성장하면서 동해/일본해에 유입되어 난수괴 내와 그 주변에서 60~100cm 이상으로 성장한 다음 여름부터 가을에 걸쳐서 점차로 강해지는 북서계절풍에 운반되어 육지로 접안하는 그룹이다.

(2) 후기 내유군

주로 동중국해 및 황해 북부, 그리고 한국의 서·북부에서 발생하여, 반시계 방향의 약한 환류를 타고 성장하면서 늦은 가을부터 겨울에 걸쳐 강한 계절풍에 의해 동해/일본해에 유입하는 그룹으로, 2003년 외에 2005년, 2006년 10월 하순 이후에 출현한 새로운 무리(군)이다(그림 3-6, 밑부분). 그리고 다음 해 2~3월까지 동해/일본해 연안 해역의 중·북부 연안 해역에 머무르는 무리의 대부분은 저수온성인 이 그룹이 잔존하는 것이다.

Column 폐기된 라이터로 해파리의 고향을 찾다.

일본, 한국, 중국 3개국에서 불법투기되는 사용이 끝난 라이터 6,600본 이상이 일본 연안에 표착하고 있다. 해양 환경오염 원인의 하나이기도 하지만, 해답 없는 문제로 라이터의 제조국 별로 그 출현 비율과 표착 상황의 기록(그림 3-10 및 자료: 큰덤불해파리의 출현 기록을 참조)을 분석하면, 큰덤불해파리의 내유 및 출현을 추정하는 것에 도움이 될지도 모른다.

이 기록에 따르면 한국산 라이터는 산인(山陰)해안에서 출현율이 높고, 와카사(若狹)만에서의 비율은 50% 이하가 되지만, 니가타(新潟)현 이북에서부터 급격히 감소한다. 이 양상은 과거 거대한 해파리의 동해/일본해의 대표적 출현 수역(특히 중규모적인 대량 출현 수역)과 매우 비슷하다. 또한 중국산은 동해/일본해 전체에 미치기에 어느 해안에서도 10~20% 비율이 되지만, 2005년에는 이 비율이 매우 높아진 것으로 추정되었다. 사실 그 이후 조사에서 2005년에 중국산 라이터는 전년의 4배 이상 많은 수가 가고시마현에 표착한 것을 알았다(藤枝, 2006년 2월 사신). 큰덤불해파리가 발생, 성장하는 때는 봄에서 여름이므로 사람들이 해안에서 레저를 즐기는 계절과 같다. 해파리가 많이 발생하는 시기나 계절이, 우연히도 해수욕객이 사용하고 남은 라이터를 불법 투기하는 조건과 일치하고 있을 가능성이 높다. 만일 그렇다면 사용하고 버린 라이터 표착율의 기록이 금후 일본 근해에 내유, 표착하는 해파리 무리를 추정하는 경우 중요한 지표 자료가 된다고 생각할 수는 없는 것일까? 해안 청소라고 하는 사람 손이 많이 드는 작업이 의외로 중요 부산물이 되고 있는 것이다. 지금부터라도 전국적인 협력을 얻어, 자료 수집을 계속해 갈 것을 희망한다. 이 책을 읽는 독자도 바다에 놀러갈 때에 기회가 있으면 꼭 협력을 부탁한다.

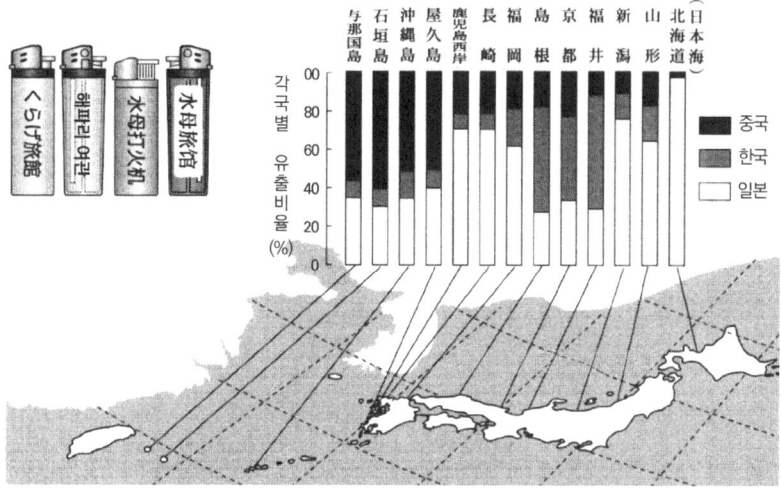

그림 3-10 | 지표 표착물로서 사용한 폐기된 라이터(이미지, 왼쪽 위)와
동 라이터의 회수 지점별 제조국(일본, 한국, 중국(대만을 포함))의 비율(藤枝, 2005를 일부 변경)

자료: 큰덤불해파리의 출현 기록

(1) 1958년 8~12월

거대 해파리가 가장 광범위하게 출현하여 동해/일본해 거의 전 해역에 영
향을 미친 경우이다. 즉, 8월 상순에 쓰시마 남동에서 동해/일본해에 유입
한 우산 지름 30~50cm 전후의 어린 해파리 무리의 일부는 외양의 난류를
타고 성장하면서 북상하여 난류 내부에 농밀하게 분포하였다. 다른 일부
는 연안의 난류를 타고 북상을 계속하여 특히 오키섬 주변, 와카사만, 오가
(男)반도, 훈카(噴火)만 등 와류가 형성하기 쉬운 수역에 집적, 체류하면서,
오키섬이나 오가반도에서 2~3개월 장기간 체류한다. 이후 두 그룹은 9월

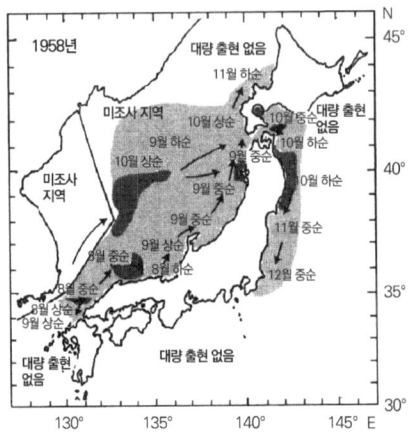

그림 3-11 | 1958년 쓰시마 난류역의 해황과 거대 해파리의 이동

중순에서 10월 상순에 아오모리현 연안에서 합류하여 일부는 홋카이도의 이시카리(石狩)만에 표착하지만, 대부분은 쓰가루 해협을 통과하여 훈카만에 출현하며, 일부는 태평양 연안 해역을 남하하며 12월 중순에는 지바현 보소(房總)반도에 도달한 후 소멸하였다(그림 3-11).

해파리의 출현, 혼입(획) 상황

돗토리(鳥取)현 하마타(濱田) 외양역의 방어 정치망에서 9월 상순 아침과 저녁에 3,000개체 이외에, 11월 상순에는 2만~3만 개체가 입망되었다. 이와테(岩手)현의 정치망에서는 그물 한 개에 100톤, 훈카만의 고등어 정치망에서는 하루 밤에 10톤, 꽁치 봉수망에서는 꽁치 375g에 대하여 해파리는 3배 이상 입망되었고, 외양에서는 저인망에 0.8~2톤이 입망된 기록이 있다.

(2) 1995년 9~12월

이해 9월 상순에 산인(山陰) 외해역에 지름 250km에 이르는 난수괴가

형성되어, 난수괴 및 주변 해
역에서 성장한 것으로 생각되
는 우산 지름 1m 이상의 거대
해파리 무리가 북서 계절풍을
타고 9월 하순에서 10월 상순
에 야마구치(山口)현에서 이시
카와현 연안에 걸친 해역에 일
제히 대량으로 출현하였다. 이
후에 쓰가루 해협을 통과하여
12월에는 이와테현과 미야기

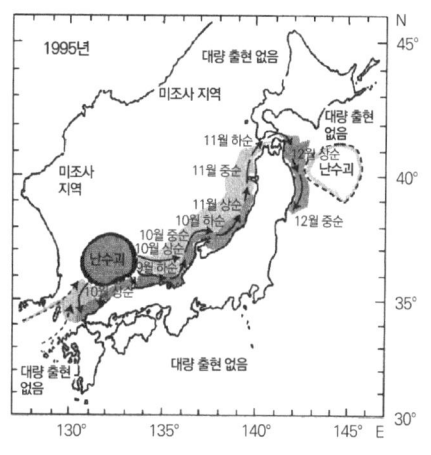

그림 3-12 | 1995년 쓰시마 난류역의 해황과
거대 해파리의 이동

현 북부 연안에 도달한 이후 소멸하였다(그림 3-12).

해파리의 출현, 혼입(획) 상황
산인에서 와카사만 연안 해
역에서 대형·소형 정치망에
100~200개체, 도야마현의 대
형 정치망에 최대 800개체, 소
형 저인망 및 선망에서 그물
한 개에 100~200개체 정도가
혼획되었다.

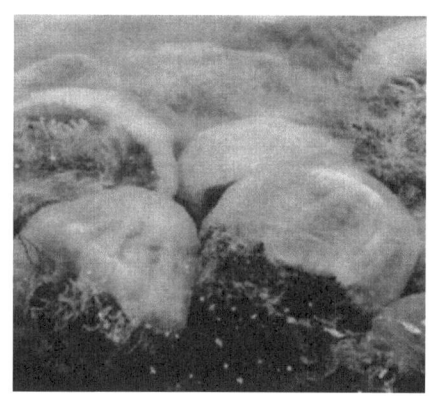

사진 3-12 | 대형 정치망에 입망한 거대한 큰덤불해파리 무리(제공: 谷口芳哉)

(3) 2002년 8~12월

2002년에도 산인에서 와카사만 외해역에 장경 300km에 미치는 난수
괴가 형성되어, 모양이 거의 변화되지 않은 상태로 서서히 북동으로 이
동하여 11월까지 노토(能登)반도 북부에 체류하였다. 난수괴 및 주변 해
역에서 성장했다고 생각되는 거대 해파리 일부는 8월 하순 돗토리현 이
와미(岩見)의 외양역에서 소형 저인망에 대량 입망하였다. 더욱이 9월
상순에서 10월 상순에 걸쳐서는 와카사만에서 이시카와현 가가(加賀)
시, 도야마(富山)만에 이르는 연안에서 외양역에 걸쳐 일제히 출현하였

다. 이후 거대 해파리는 동해/일본해 연안 해역을 북상하여 11월 상순에는 외양역의 무리와 합쳐진 상태로 쓰가루 해협을 통과한 다음 산리쿠(山陸) 연안 해역을 남하하여, 12월 중순에는 지바현 가츠우라시의 외양역에 도달한 후 소멸하였다.

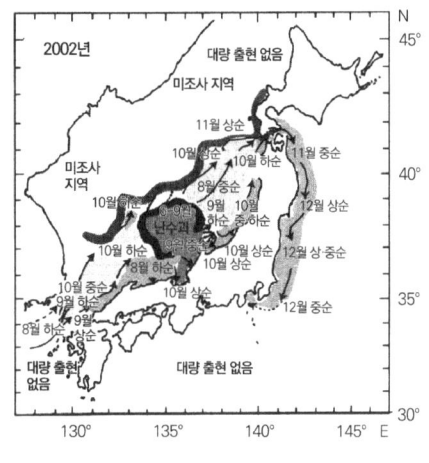

그림 3-13 | 2002년 쓰시마 난류역의 해황과 거대 해파리의 이동

한편 돗토리현 외양역에 해파리가 출현한 시기와 완전히 같은 시기인 8월 하순에 후쿠오카현 가라쓰(唐津)만 외해로부터 침입하여 온 별도의 무리가 쓰시마 동부 연안 해역을 따라 북상하여 10월 하순에는 오키섬 주변 및 외해에 넓게 분산하였다. 9월 상순에 야마구치현, 하순에 초몬(長門)시, 10월 중순에는 시마네현 하마타시로 이동해 그 후에도 계속 북상하였다고 생각된다(그림 3-13).

해파리의 출현, 혼입(획) 상황

산인에서 와카사만까지 해역에서 한 개의 정치망 그물에 800~1,000개체 이상이 입망되었다(사진 3-12).

(4) 2003년 8~12월

2003년에도 6~9월에 걸쳐 산인에서 와카사만 외해역에 장경이 280km에 이르는 난수괴가 형성되는 것 이외에 9~10월에는 난류의 외해쪽 분기에서 사행(蛇行)하는 양상이 보였다. 더욱이 9~11월에는 냉수괴가 접안하여, 난수괴가 밀려 좁아지는 모양이 되고, 이와 같은 해황이 나중에 기술하는 거대 해파리의 집적 및 체류에 깊게 관여하였다. 외양역의 난류는 그 후에 사도(佐渡) 외양에서 야마가다현 연안을 향해 사행하지만, 10월 중순에는 오가반도 외양역에서 4노트의 빠른 유속으로 우회한 다음 쓰가루 해협을 통과하여 같은 달 하순에 이미 하치노헤(八戸) 외해역에 도착하였다. 거대 해파리의 출현 상황은 다음과 같다.

우선 8월 상순에서 9월 상순에 걸쳐 해협의 중앙 또는 북부에서 동해/일본해에 유입한 어린 큰 덤불해파리는 산인에서 와카사만의 외양 해역 및 사도 외해역에 이르는 넓은 해역에 집합, 체류하면서 성장하여 우산지름 60~100cm에 달한 후에 해황에 따라 이동 및 분산되는 것으로 추정된다(그림 3-14).

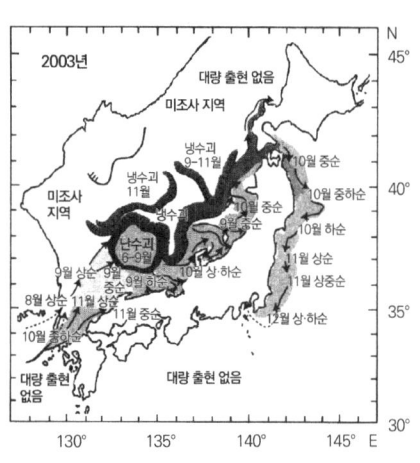

그림 3-14 | 2003년 쓰시마 난류역의 해황과 거대 해파리의 이동

즉, 앞에 언급한 해역에서 성장한 해파리군은 9월 중순,

시마네(島根)현 및 돗토리(鳥取)현의 사도(佐渡) 외해역에 출현한 이후에 하순에는 교토의 마이즈루(舞鶴)만을 향하고 10월 상순에는 와카사만 동부의 에치젠이나 이시카와현 노토반도 서부 연안으로 이동하여 일제히 대량 출현하고, 그 일부는 도야마 만에도 침입하여 이 상태가 중하순까지 계속되었다.

9월 중순에 사도 외양에 출현한 해파리 무리는 10월 중순에 니가타현 전 해역에 분포하며, 이후 북상하여 야마가다현의 연어 정치망을 직격한 이후에 일부는 홋카이도 이시카리만 입구에 도달하지만, 대부분은 쓰가루 해협을 단기간에 통과하여 남하한다. 그리하여 10월 중하순에는 이와테현의 연어, 미야기현의 전갱이 및 고등어 정치망에 입망을 계속하였다. 11월이 되면, 후쿠시마현이나 이바라키현의 저인망에도 소량이지만 혼획되었고, 12월 상·하순에는 지바현에 본격적으로 출현하여, 이누호사키(犬吠埼) 외양역에서 다이토(大東), 후지사와(鴨川)에서 치쿠라(千倉) 연안의 정치망에 입망되는 등 점차 남하하는 것이 확인되었다. 기타 11월 중순에 사가미(相模)만 후지사와시 어업조합의 방어 예인망에서 본 종이라고 생각되는 해파리 1~2개체(70kg)가 포획되었지만, 이 기록은 쓰가루 난류가 남하하여 영향을 미쳤다고 하는 '살아 있는 표류병'으로서 지표가 되었다.

한편 10월 중하순에서 11월 상중순에 걸쳐 2002년 경우와 같이 별도의 무리가 후쿠오카현 북부 외해역에서 재차 유입되는 것이 발견되었다. 이 무리는 쓰시마 외해역 이외 시마네현 및 돗토리(鳥取)현 양 지

사진 3-13 | 큰덤불해파리 처리에 힘들어 하는 어업인들

방의 연안을 따라 북상하여 앞에서 설명한 무리에 합해져 11월 이후 다음 해 3월까지 산인에서 동해/일본해 북쪽에 체류하면서 정치망이나 저인망 어업에 피해를 주는 주요 무리가 되고 있는 것이다(그림 3-14).

해파리의 출현, 혼입(획) 상황

교토(京都)부, 후쿠이현 및 이시카와현에서 방어 정치망에 800~1,000 개체 이상, 아오모리현 후카우라에서 하치노헤(八戸)에 이르는 연어 정치망에 2~5,000개체 이상, 이와테현 산리쿠 연안의 연어 정치망에 1일당 1,200개체 이상, 미야기현 전갱이, 고등어 정치망에 500~1,000개체 이상, 후쿠시마현 기선인망과 이바라키현 저인망에서 수 톤, 지바현 이누호후사키(犬吠埼) 외해의 선망에 40톤, 가모카와 외해의 전갱이, 고등어 정치망에서 70~80톤이 입망되었던 기록 등이 있다.

(5) 2004년 8~12월

2004년에는 9~11월에 걸쳐 산인 외해에서 아키타현, 아오모리현 외해에 소규모의 냉수괴가 보여진 것과 아오모리현 외해역에 소규모 혀 모양의 난수괴가 남겨진 정도였다. 8월 중하순에 쓰시마의 북 또는 서부에서 동해/일본해에 유입된 해파리 무리는 쓰시마 북·동부에서 두 개로 나뉘어 일부는 외해역의 난수를 타고 북상하여 10월 상순에 아오모리현, 아키타현 외해역의 난수괴 내부와 그 주변에 체류, 성장한 다음 계절풍에 의해 아오모리현의 후카우라나 아지가사와 연안 해역에 본격적으로 출현하였다. 이후 이 무리는 쓰가루 해협을 통과하여 11월 상순에는 이와테현 미야코, 가마이시시, 12월 상순과 중순에는 오후나토(大船渡), 다카다

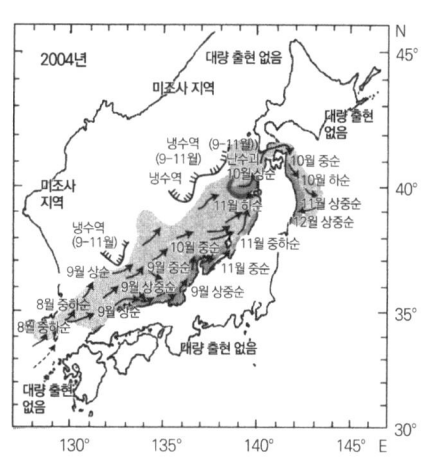

그림 3-15 | 2004년 쓰시마 난류역의 해황과 거대 해파리의 이동

(高田)에 출현한 다음 소멸하였다. 한편 쓰시마 북동부에 출현한 무리의 일부는 산인 연안 해역을 따라 북상하여 11월 중하순에 도야마현과 니가타현, 하순에는 야마가타현의 연안 해역에 출현하였다. 더욱이 북상하여 아오모리현 연안에 도달한 뒤 12월~다음 해 2월까지 생존하는 것으로 추정된다(그림 3-15).

해파리의 출현, 혼입(획) 상황

와카사만에서 노토반도 연안에 걸쳐 10~100개체 전후(저자가 승선한 후쿠이현 미하마의 대형 정치망에서도 최대 40~100개체 정도)가 입망되었지만, 일시적인 대량 출현으로 끝났다(사진 3-13).

(6) 2005년 7~12월, 2006년 1~3월

2005년 여름 와카사만에서 노토반도 외해에 걸쳐 장경 300km 정도의 냉수괴가 후쿠이공업대학 연구 그룹에 의해 관찰되어, 거대 해파리는 종래와 현저하게 다른 출현 및 분포 양상을 나타냈다.

우선 동해/일본해에 출현이 가장 빠른 7월부터 시작하여 쓰시마 서동부 외해역 이외에 나가사키현 고토열도에서 유입되어 출현하였고, 이후 8월 상순에는 대화퇴 부근까지 출현하였다. 주요 대량 출현은 종래와 거의 같이 야마구치현의 일부, 산인과 오키섬, 와카사만에서 노토반도, 오가반도에서 아오모리현의 후카우라, 아지가사와(鯵ケ澤)에 이르는 각 해역에서 보였다. 그 밖에 쓰시마 동쪽 해역에서는 소형 개체가 다수 관찰되었다고 한다(上野 私信).

홋카이도에서는 9월부터 이시카리만 이외에도 태평양 쪽에서는 노보리베쓰(登別)나 에리모(裸裳) 연안 해역에서도 확인되었다. 이어 10월에서 11월 중순에 걸쳐 훈카(噴火)만 연안을 비롯해 소야(宗谷)곶에서 유우베쓰, 죠로, 사리 등 오호츠크해 연안의 여

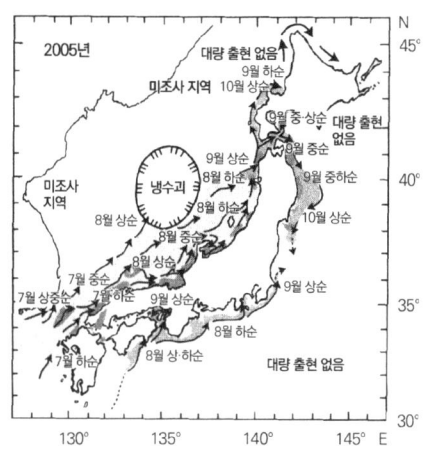

그림 3-16 | 2005년 쓰시마 난류역의 해황과 거대 해파리의 이동

러 정치망에서도 처음으로 이 해파리가 포획되어 주목받았다. 혼슈 지역에서는 예년과 마찬가지로 쓰가루 해협을 통과한 해파리 무리가 9월 중순부터 남하하여 아오모리현 미사와시나 이와테현 연안 해역에서 각각 대량으로 출현하였다. 이후 10월 중순에는 이미 미야기현을 통과하여 후쿠시마현에 도달하였다(福島水試 私信).

한편 태평양 서부 해역에서는 8월부터 고치(高知)현 외양 해역이나 토사시미즈(土佐清水), 무로토(室戸)시 등에서 출현하여 9월 상순에는 키이수도에서 오사카만이나 하리마나다(播磨灘)에 이르는 세토나이카이로 유입되었다. 또 8월 하순에서 9월 상순에는 와카야마현에서 지바현 이누호사키에 이르는 범위에 출현한 다음 10월 상순에는 이바라키현 아사히무라(旭村) 외해역, 같은 달 중하순에는 지바현 도미우라 외해역에

서도 확인되었다. 즉, 이 시기와 계절에는 일본열도 대부분이 거대 해파리의 출현으로 포위된 상태가 되어버렸다. 특히 태평양 연안의 구로시오의 영향을 받는 해역 이외에 홋카이도의 에리모곶 부근이나 오호츠크해 연안까지 연속된 해파리의 이례적인 출현은 각지의 뉴스로 보도되어, 전국의 어업인, 수산관계자만이 아닌 전 국민까지 깊은 관심을 받게 되었다(그림 3-16).

그런데 그 후에도 아오모리현에서 지바현 이북의 태평양 연안 해역에서는 거대 해파리의 출현이 12월 하순까지 지속되었고, 다음 해 2월 하순에 처음으로 앞에서 기술한 해역에서 완전히 소멸하였다. 그러나 야마구치현에서 아오모리현에 이르는 동해/일본해 연안 해역에서는 3월 상순까지도 의연하게 크고 작은 개체가 여전히 관찰되거나 포획되었으며, 같은 달 중하순이 되어서 겨우 그 모습을 감추었다. 이상과 같은 출현 상황은 2005~2006년에 본 종이 광범위하게 그것도 다른 시기에 지속적으로 대량 발생되고 있었음을 말해준다.

해파리의 출현, 혼입(획) 상황
8월 하순에서 10월 상순에 걸쳐 야마구치현 아베시, 시마네현 이즈모시, 와카사만에서 노토반도의 각 연안에 이르기까지 정치망에서 1망당 1,000개체 이상, 후쿠이현 에치젠에서 3,000개체, 시마네현 이즈모 연안에서 5,000~7,000개체에 달했으며, 더욱이 10~11월 상중순에 이즈모시 다이시야지센의 해파리는 1만 개체에 도달하였다. 이에 반해 태평양 지역에서도 10~11월 하순에 걸쳐 개체수가 현저하게 증가하였고, 특히 아오모리현 미사와시나 이와테현 내에서는 3,000~5,000개체, 중량으로는 1,000~3,000톤이 기록되었다. 그러나 이를 정점으로 하여 해파리는 점차 감소하기 시작하여 2월 하순에는 태평양 쪽 해역에서 거의 포획되지 않았다. 또한 야마구치현에서 아오모리현의 동해/일본해 쪽 해역에서도 3월 중하순에 모습을 감추었다.

(7) 2006년 7~12월, 2007년 1월

9월의 수괴분포를 표시하였지만 외해역 냉수괴가 현저하게 연안으로 접안되는 것이 보인다. 이로 의해 좁아진 난수역의 내부에는 크고 작은 난수괴가 산인 외해에서 노토반도 및 야마가타현에 출현하였다. 또한 외해역 난류가 사행하여 2003년과 매우 유사한 해황이 형성된 것이 특징이다.

이해의 어린 해파리 무리 (20~50cm)는 7월 하순에 쓰시마의 서측에서 일부는 8월 하순에 고토열도 방면에서 각각 동해/일본해에 유입하였다. 7월의 무리 대부분은 8월 중순에 산인의 오키섬 주변이나 북

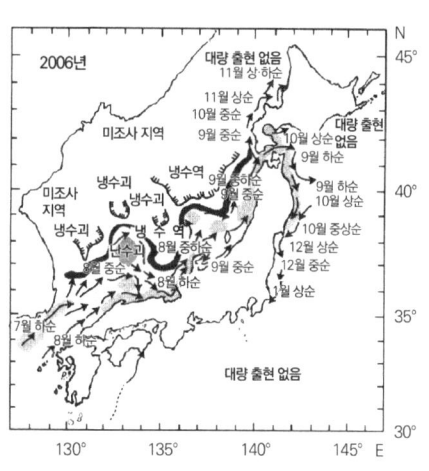

그림 3-17 | 2006년 쓰시마 난류역의 해황과 거대 해파리의 이동

부의 난수괴 내부 및 주변에 체류, 이동하면서 성장을 계속하여 대형이 되고(60~70cm), 같은 달 하순부터 연안으로 접안하기 시작하였다. 9월에는 쓰시마, 산인 외에 와카사만, 노토반도에 이르는 광범위한 해역에 대량 출현하였다. 그 이후에는 도야마만에 유입이 있었고, 더욱이 북상하여 9월 중순에는 야마가타현이나 아키타현의 오가반도에, 같은 달 중하순에는 아오모리현 후카우라, 아지가사와 연안에 도달하였다. 그 이후 이 무리는 대략 4노트 이상의 빠른 흐름을 타고, 단기간에 쓰가루 해협을 통과하여 하치노헤 외해역을 남하, 10월 상순에는 이와테현 연안 해역에 대량 출현하였다. 이후에 수량은 점차 감소 경향을 나타내지만, 12월 상순에 그 일부의 수 개체가 센다이만에서 볼 수 있는 정도가 되었다. 다음 해 1월 상순에 지바현 초시 외해에서 저인망에 100개체 정도 확인되었지만, 그 이후는 소멸되었다고 생각된다(그림 3-17).

또 홋카이도의 동해/일본해 연안에서는 10월 중순 이시카리만에 침입이 있었지만, 11월 상중순에는 루모이 연안과 외해역에 이르는 해역에서 소수의 개체만 출현하거나 목격될 정도였다. 즉 이해의 출현은 좁은 범위였지만, 9~12월 상순에는 동해/일본해의 전 연안과 태평양 쪽의 이와테현 이북에 대량으로 출현되었고, 목격된 범위도 난류 영향 해역과 일치하였다. 또 10월 이후의 대량 출현은 외해역의 난류(쓰시마 난류 제2분기)의 접안에 의한 것이라 생각된다(그림 3-17).

해파리의 출현, 혼입(획) 상황

9월에 쓰시마, 산인, 오키섬 주변, 와카사만, 노토반도의 정치망 등에 1,000~5,000개체 이상, 10월에는 쓰가루에서 호쿠리키에서 5,000개체 이상, 아키타현, 아오모리현의 후카우라와 아지가사와의 정치망에서 5,000개체, 시마네현 이즈모에서 1만 개체 이상, 아오모리현 후카우라에서 5,000개체, 미사와에서 8,000개체, 이와테현 다노하타에서 3,000개체 이상 등이 기록되었다. 이들 출현 상황으로부터 거대 해파리의 피해는 전년도와 거의 같거나 지역에 따라서는 상회하고 있어, 일본해구 수산연구소가 8월 하순에 금년도 발생은 전년도의 10분의 1 정도라고 보도한 예측은 크게 차이가 있었다. 이 때문에 특히 대량 출현이 계속된 산인에서 와카사만, 노토반도 주변의 어업인들은 어업을 계속할 수 있을지 판단할 수 없어 혼란을 겪었으며, 보도 내용에 대한 불신과 낙담이 확산되는 원인이 되었다.

〈주〉 3장 거대 해파리의 고향과 동중국해 및 한국 연안에서의 거동에 관한 역자의 견해

일본 측에서 동해/일본해에 유입되는 거대 해파리군은 2개군으로, 거대 해파리의 발생지는 양쯔강 하구에서 이북의 중국대륙 연안, 한국 남서부와 남동부, 그리고 일본 규슈 서측 연안 3개 해역으로 추측하여, 각 발생 장소와 동해/일본해의 일본 측 연안과의 거리 차이에 의해 유입되는 개체군이 두 개로 구분되는 것으로 기술하고 있다. 또한 라이터 등의 표류 자료를 이용하여 중국대륙 연안에서 발생한 거대 해파리의 어린 개체가 때에 따라서는 구로시오 해류를 타고 일본열도 남방을 따라 일본열도의 태평양 측에서 일시에 일본열도로 유입되는 계군이 존재하는 것을 설명하였다.

그러나 이와 같은 동중국해 및 한국 남해 해역에서의 거대 해파리 이동에 대하여 역자는 다소 다른 견해를 가진다. 원서에서는 저자의 서술을 그대로 옮겨 역자의 견해를 덧붙이지 않았으나, 장 말미에 2000년 이후 매년 여름 동중국해 해양환경 및 자원조사 과정에서 거대 해파리 발생 해역 주변 해역을 조사했던 환경자료 및 동중국해 수괴 분포와 표층해류의 분포 양상을 토대로 고찰한 내용을 간략히 병기하였다. 즉 동중국해에서 발생한 어린 거대 해파리가 동해/일본해로 유입된 이후의 이동 경로는 실제 자료에 의해 본서에서 잘 표현되고 있다. 그러나 유입되기 이전까지의 동중국해 및 한국 연안 해역에서의 해파리 이동에는 여러 가지 문제가 있어 역자의 의견을 간략하게 제시해 두고자 한다.

우선, 큰덩불해파리의 발생 장소(고향)에 대해 본서에서는 중국대륙 연안, 한국 남해 연안 및 일본 규슈 서해안으로 추정하고 있으나, 이들 해역에는 해파리 초기 발생에 대응할 수 있는 먹이생물의 영양공급원이 존재하지 않는다는 해역적 특성을 고려할 경우, 일본 규슈 서해안이나 한국 남해 연안에서 거대 해파리의 초기 발생 가능성은 매우 희박하다. 실제 2005년 일본 NHK에서는 해파리 관련 영상물을 제작하면서 다양한 자료를 바탕으로 거대 해파리의 발생 장소를 한반도의 대형 하천이 유입되는 한국 서해안과 양쯔강 및 황하 등의 영향을 받는 양쯔강 하류의 중국대륙 연안으로 추정하였다. 그러나 거대 해파리의 초기 발생 시 해파리의 발생량과 먹이생물을 고려하면 현재로서는 큰덤불해파리가 초기 발생할 수 있는 장소를 양쯔강 하류를 포함한 중국대륙 연안으로 한정하는 것이 타당한 것으로 보인다.

이와 같은 근거로는 양쯔강 하구는 연중 탁수의 영향으로 빛이 제한되어 식물플랑크톤 등 먹이생물의 대발생이 어렵지만, 1995년 이후 매년 양쯔강 하구의 심한 탁수를 벗어난 해역에서 연안수와 쓰시마 난류가 만나는 경계역, 즉 전선(front)의 10m 이심에서는 큰덤불해파리의 초기 발생 시기인 4월과 5월에 와편모조류, *Prorocentrum donghaiense*에 의한 적조가 가로, 세로 길이가 수백~수천km에 달하는 규모로 발생하는 것이 보고되고 있다(Lu et al., 2002, Tang et al., 2006). 뿐만 아니라 이 적조 해역은 늦게는 6월에서 7월 초까지도 지속되어 그 발생 해역이 때에 따라서는 한국 남서해역까지 미치는 것으로 알려져 있다(윤 등, 2003; 박 등, 2008). 즉 이들 적조생물이 초기 대량으로 발생하는 어린 큰덤불해파리의 먹이 역할을 하고 있다고 보며, 이러한 조건을 갖출 수 있는 곳은 동중국해에서 중국대륙 연안밖에 존재하지 않는다고 할 수 있다.

둘째, 발생한 큰덤불해파리가 한국 남해 및 동해/일본해로 유입되는 과정은 동중국해의 표층 해류 분포 양상을 이해하는 데에서 접근해야 한다. 아직도 동중국해에서의 계절에 따른 쓰시마 난류의 이동 경로

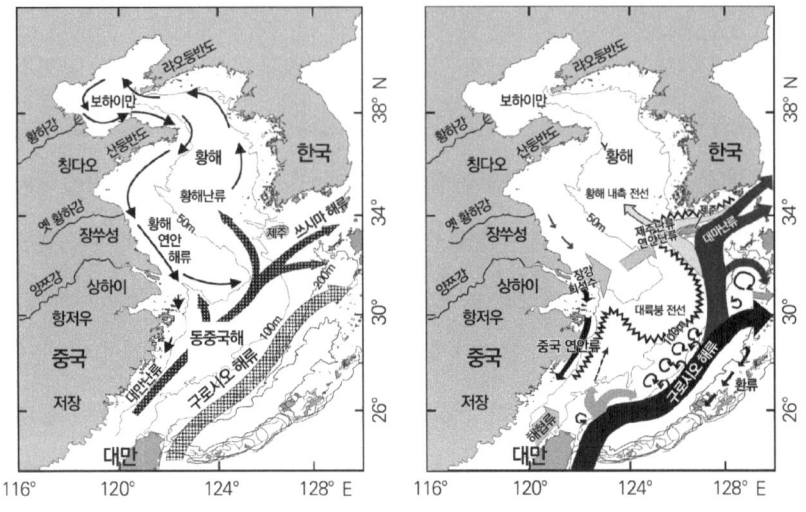

그림 3-18 | 황해, 동중국해 및 한국 남해역의 표층 해류의 분포
(왼쪽: Beardsley et al., 1985 오른쪽: Lie and Cho, 2002)

는 해양물리학자들에 따라 의견이 다르지만, 최근의 연구결과를 대략 정리하면 그림 3-18과 같다.

황해 및 한국 남해를 포함하는 동중국해의 해황을 지배하는 대표적 수괴는 중국대륙 기원의 연안수, 쓰시마 난류수, 황해 저층 냉수괴(여름만) 및 한국 연안 고유수로서 계절에 따라 각 수괴의 세력을 달리하면서 다양한 해황을 표현한다. 특히 표층의 해수 흐름은 중국대륙 연안수 및 쓰시마 난류에 의해 크게 영향을 받게 되며, 동중국해 표층의 일반적 해류 순환에 대해서 Beardsley et al.(1985)는 Niino and Emery(1961)와 Mao and Guan(1982)에 의해 요약된 내용에, 1980년과 1981년 여름과 겨울의 중국과 미국의 공동 연구에 의한 조사결과를 추가하여 그림 3-18(왼쪽)과 같이 정리하였고, Lie and Cho(2002)는 1990년대 자료를 이용하여 제주 연안에서 대한/쓰시마 해협를 통과하는 해류를 쓰시마 난류 (TWC), 제주 서안을 시계방향으로 돌아 제주해협을 통과하는 해류를 제주난류(CWC)로 구분하여 제주 서방에서 쓰시마 난류가 분기함을 설명하고 있으며, 주로 겨울에 제주난류에서 황해쪽으로 북서진하는 흐름을 그림에서 YSIF로 정의하고 있다. 또한 쓰시마 및 제주난류와 중국대륙 연안에서 확장되는 중국대륙 연안수(양쯔강 희석수) 사이에는 광범위한 전선대(shelf front)가 형성되는 것으로 보고하였다(그림 3-18, 오른쪽).

이와 같은 동중국해 표층의 해류 분포 양상과 한국 남해안의 지형적 특성을 고려하면 한국 서해안이나 남해 연안에서 발생한 큰덩불해파리가 성장하면서 동해/일본해로 대량 유입하는 것은 불가능에 가깝다고 할 수 있다. 따라서 6월 이후 한국 남해 연안 및 동해/일본해로 유입되는 거대 해파리는 양쯔강 하구에서 발생한 것이 그림 3-18(오른쪽)의 CDW에 의해 동중국해 북동 해역으로 확산되면서 쓰시마 난류를 타고 가장 빠르게 한국 남해안 및 동해/일본해로 유입되는 것으로 판단할 수 있다(제1차 동해/일본해 유입 개체군).

그리고 이보다 다소 늦게 동해/일본해로 유입하는 거대 해파리는 중국대륙 연안수를 타고 남하하다가 쓰시마 난류의 본류에 합류하여 규슈 서해안을 따라 북진하여 동해/일본해로 유입되는 것으로 판단하는 것이 보다 동중국해의 해황 분포와 부합되는 해석으로 생각된다(제2차 동해/

일본해 유입 개체군). 즉, 동일 해역에서 발생한 거대 해파리가 이동 경로만 달리하여 동해/일본해로 유입되므로, 비교적 늦게 유입되는 개체군은 중국대륙 연안을 따라 남하하면서 성장하여 1차보다는 대형 그룹을 형성하여 동해/일본해에 들어온다고 할 수 있다. 한편 중국대륙 연안을 따라 남하하던 거대 해파리군의 대부분은 쓰시마 난류를 타고 북상하여 동해/일본해로 유입되지만, 초기 발생 농도가 매우 고밀도인 이상발생의 경우는 일부가 대만 북방해역에까지 남하하여 구로시오 해류를 타고 규슈를 돌아 태평양 연안에서 일시에 일본열도로 접근할 수 있음은 이미 본서에서 폐기된 라이터의 표류결과를 이용하여 설명하였다.

본 이론에 대해서도 일본열도로 유입되는 세 개의 개체군에 대한 유전자 분석 등을 통해 동일 개체군에 의한 것인지, 아니면 서로 다른 개체군을 나타내는 것인지 등에 대해서는 앞으로 검토해야 할 과제라고 본다.

결국 동중국해의 큰덤불해파리의 대량 발생은 중국의 고도 경제성장에 따른 육상 기원의 공업 및 산업폐수와 생활하수가 대량으로 해양에 유입되는 점, 수산자원의 남획으로 인한 연안 해역의 유용자원 감소 및 고갈로 기초생물 포식압이 낮아진 점, 해안가에 무계획적으로 설치된 인공구조물로 인한 해파리 폴립의 대량 발생, 그리고 와편모조류 적조 발생으로 인한 먹이생물의 천연적 배양 및 공급 등에 의해 먹이 경쟁력이 상대적으로 부족한 거대 해파리 무리가 아무런 방해 없이 대량 발생하는 양상을 보이는 것으로 판단된다. 또한 발생한 거대 해파리 무리는 동중국해의 광역적 표층 해류 순환에 의해 난류의 영향을 받고 있는 한국과 일본 등 인접국가로 분배되고 있는 것이다.

이와 같은 내용에 대해 보다 정확한 정보 및 증거를 확보하기 위해서는 3국의 공동조사를 통해 각국 관할 영토 및 해역이라는 개념이 아니라, 해파리 발생과 이동을 중심으로 한 국제 공동의 종합적 조사연구가 무엇보다 절실하다고 할 수 있다.

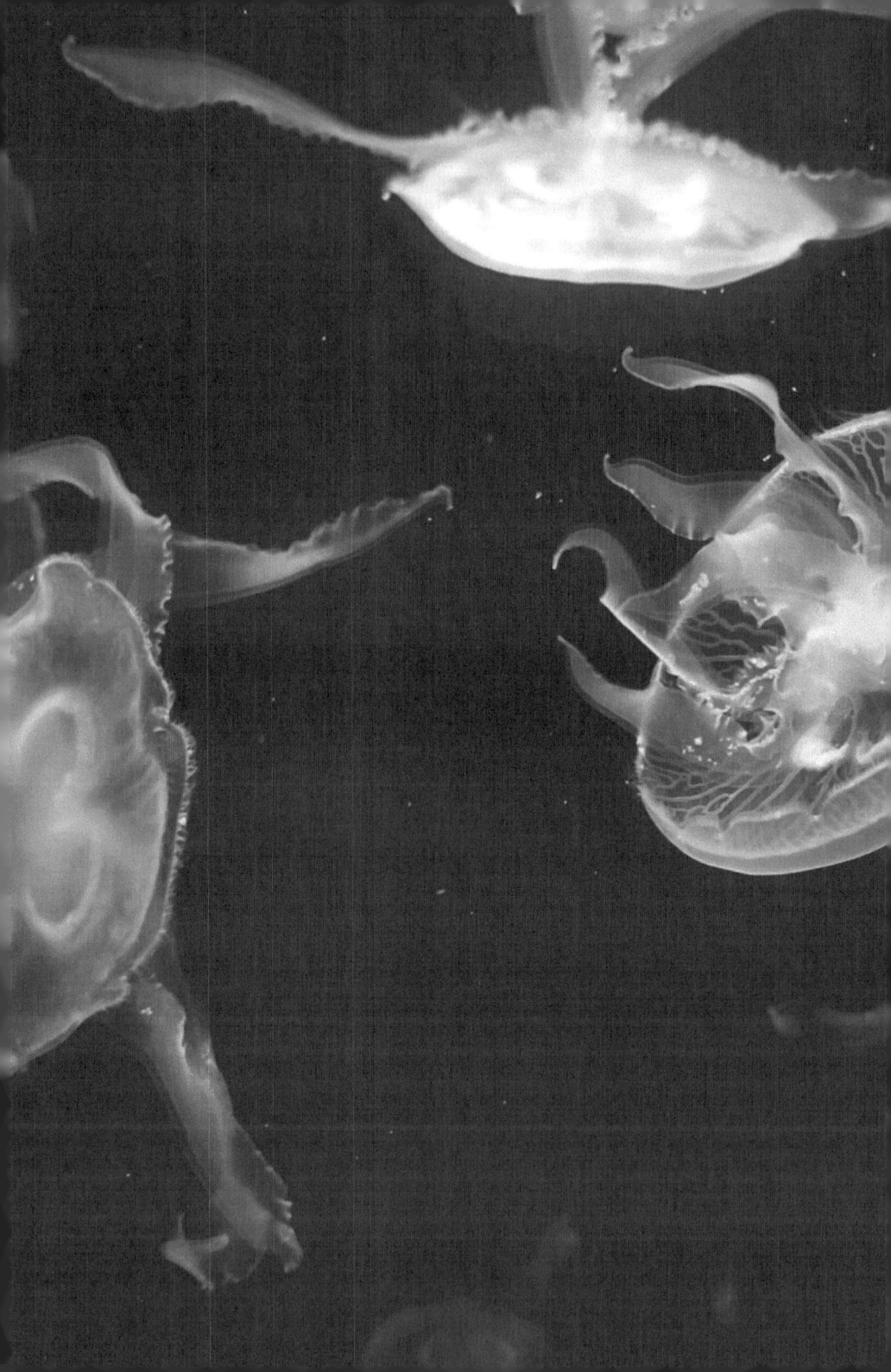

4장 해파리가 바다를 메꾸던 날

피해의 실태

1950년대 이후 해파리류에 의한 일본의 어업 피해 내용을 표 4-1에 정리하였다. 표에 따르면, 1970년대에서 80년대까지는 보름달물해파리와 큰덩물해파리에 의한 국지적인 피해가 주를 이루었으나, 1990년대 후반부터는 이들 이외에 수양버들해파리나 평면발광해파리가 추가되었다. 또한 출현 범위도 점차 확대되어 동해/일본해 전역에까지 영향을 미치게 되었다. 해파리 외에 살파(salpa)나 코끼리해파리류가 추가로 나타나는 것이 최근의 특징이다. 최근 대규모 피해가 보도되는 큰덩물해파리는 지금까지 대략 40년 단위로 대량 출현하는 것으로 알려져 있었으나, 1995년 이후에는 겨우 7년 후인 2002년부터 2006년까지 매년 연속으로 대량 출현하고 있다.[1]

4장에서는 일본 해파리 피해 대표종인 보름달물해파리와 큰덩물해파리를 중심으로, 어업 피해의 실태와 그 내용을 기술한다.[2]

1. 보름달물해파리의 피해

가. 그물 속은 해파리로 가득

보름달물해파리가 대량으로 그물 어구에 들어오면,

---

1 한국 남해에서도 2002년 이후 일본과 마찬가지로 대량 출현하여 정치망 등에 많은 피해를 주었으나, 2008년에는 출현하지 않았다. 그 이유는 명확하지 않지만 역자는 예년에 비해 2℃ 정도 낮은 수온(6월 기준)과 먹이생물의 존재량에 기인한 것으로 추측된다.

2 한국 연안에서도 주로 보름달물해파리와 큰덩물해파리에 의해 정치망 및 안강망 어장에서 막대한 수산피해가 발생하고 있으나, 아직까지 해파리에 의한 어업 피해 실태를 구체적으로 조사한 예는 없는 실정이다.

① 그물을 끌어올리는 시간이 현저하게 길어진다.

② 망목이 막히거나 그물이 변형되어 어획량이 현저하게 감소한다. 실제로 구마모토(熊本)현에서는 예년 어획량의 3분의 1 이하로 줄어든 예가 있다.

③ 어획물 선별이 어려워져 시간이 많이 소요된다.

④ 해파리의 점액으로 인해 고기의 온도가 3~4℃ 상승하여 고기의 선도가 낮아진다.

⑤ 해파리의 자포 독으로 인해 고기의 활력과 선도가 떨어지고, 변색이 발생한다.

등과 같은 다양한 영향이 발생한다. 그 결과 어렵게 어획한 고기는 가격이 폭락하거나, 상품가치가 떨어져 거래할 수 없는 생선이 된다. 또 해파리의 양이 극단적으로 많으면, 양망(揚網)이 불가능해 그물을 절단하거나, 파손되는 경우가 발생한다. 최종적으로는 다량의 해파리에 의해 어로행위를 할 수 없어 휴어(休漁)할 수밖에 없게 된다.

1976~1977년에는 와카사(若狹)만의 서부에서 해파리로 인한 휴어로, 어업인은 십수 일 동안 해파리가 소멸되기를 바라는 기원을 올린 적도 있다. 가두리 속에 해파리가 대량으로 들어오면서 산소 결핍 상태를 초래하여, 축양 또는 양식 중인 방어나 참돔이 대량 폐사를 한 사례도 있다. 이 외에도 1950년 아키타현 하치로우가타에서 해파리의 이상발생과 출현으로 인해 물새의 대량 폐사가 보고되었다. 해조의 모자반류와 해초인 잘피류도 현저하게 고사했던 내용이 기록으로 남아 있다.

이상과 같이 보름달물해파리가 연안 어업이나 해양생태계에 미치는
영향은 일본 각지의 연안 해역에서 보고되거나 기록되어 있으며, 앞으
로도 점차 심각한 문제를 발생시킬 것임에 틀림없다.

　　보름달물해파리의 대량 발생으로 인한 어업 피해는 최근 동해/일본
해 해역에서 빈도가 증가하고 있고, 출현범위도 점차 확대되는 경향이
있다. 세토나이카이에서도 유사한 경향을 나타낸다. 해파리에 의해 피
해를 입는 주요 어업은 크고 작은 정치망, 소형 저인망, 자망과 같이 어
선에서 사용하는 그물 어구 어법 이외에 양식어를 사육하는 가두리 양
식 등을 들 수 있다(사진 4-1).

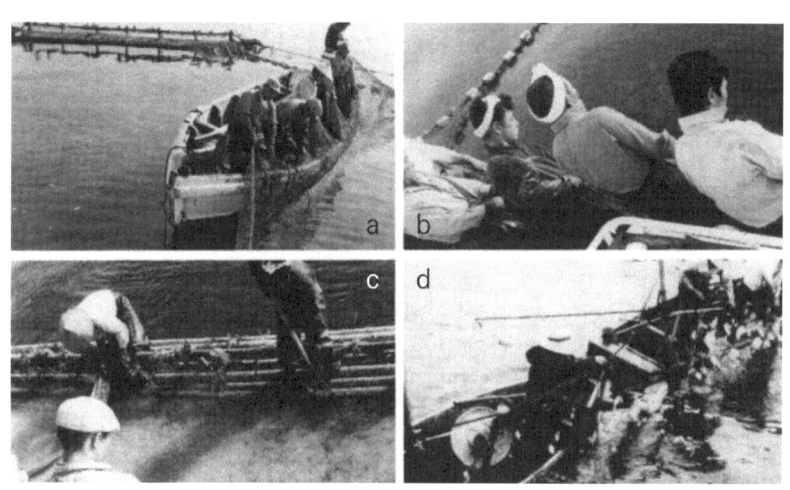

a·b: 정치망에 대량으로 들어온 보름달물해파리 제거　c: 가두리에 넘쳐나는 보름달물해파리(제공: 山川文男)
d: 자망에 걸려든 보름달물해파리(제공: 松枝功喜)

사진 4-1 | 보름달물해파리 처리에 고심하는 어업인들

발생 연도	피해 원인 해파리	피해 해역·지역	피해 어업
1950	보름달물해파리	아키타(秋田)현 八郎(Hachinobe) 이시카와(石川)현, 후쿠이(福井)현	꽁치, 감성동, 보구치, 재첩 등의 이상폐사, 물새의 이상폐사, 해조류의 고사, 정치망, 수조망
	큰덤불해파리(?)	아오모리(靑森)현	
1952~1953	보름달물해파리	이시카와현, 후쿠이현-교토(京都)부의 와카사(若狹)만의 서부	정치망
1955~1956	큰덤불해파리	도야마(富山)현, 이시카와현, 와카사만의 서부(후쿠이현)	정치망
1967	보름달물해파리	아오모리현, 야마가타(山形)현, 와카사만의 서부(교토부)	정치망
	발광편면해파리(?)	–	–
	큰덤불해파리	야마가타(加茂), 와카사만 서부(小濱)	정치망
1958		동해/일본해 전역, 아오모리현에서 지바(千葉)현에 이르는 태평양 연안	거의 대부분의 그물어업, 연승, 낚시
1968	보름달물해파리	도야마만 (도야마현-이시카와현)	소형 저인망
1971~1972		와카사만 서부 (후쿠이현-교토부)	정치망, 소형 저인망, 행망
1975		와카사만 서부(후쿠이현)	
1976		와카사만 서부(교토부)	소형 정치망, 저인망, 자망
1980		구마모토(熊本)현	자망, 소형 정치망
1981	붉은쐐기해파리	후쿠이현	자망
	보름달물해파리	오카야마(岡山)현	소형 정치망, 저인망
1983		구마모토현	소형 정치망
1985		교토부	자망, 소형 저인망
	큰덤불해파리	후쿠오카(福岡)현	–

1994	큰덤불해파리	효고(兵庫)현	–
1995		동해/일본해 전 해역 (아오모리현–야마구치(山口)현)	정치망
		이와테(岩手)현	정치망
	붉은쐐기해파리	지바현	자망
1997	보름달물해파리 붉은쐐기해파리	일본해/동해 연안 (야마가타현–시마네(島根)현)	정치망, 소형 저인망, 자망, 연승, 낚시
1998	보름달물해파리 예쁜관해파리	후쿠이현(와카사만) –효고현(동해/일본 측)	정치망, 소형 저인망
1999	보름달물해파리 붉은쐐기해파리 발광평면해파리	동해/일본해 연안 (야마가타현–후쿠오카현)	정치망, 소형 저인망, 자망, 연승, 낚시
2000		동해/일본해 연안 (아오모리현–야마구치현)	
	킹카해파리	세토나이카이(瀬戸内海) 전 해역	해면양식어업
2000~2004	보름달물해파리	동해/일본해 연안 (아오모리현–후쿠오카현)	정치망, 소형 저인망, 자망, 연승, 낚시
2002	큰덤불해파리 보름달물해파리	동해/일본해 연안 (아오모리현–야마구치현)	
2003~2004		동해/일본해 연안(아오모리현, 지바현의 태평양 측 해역)	
2004		후쿠이현, 이시카와현, 아오모리현	정치망
2005		동해/일본해, 세토나이카이, 태평양 측 전 해역	거의 모든 그물어업
2006		동해/일본해 전 해역, 태평양 연안 해역(아오모리현–지바현)	상동

표 4-1 | 해파리의 대량 발생에 의한 어업 피해

나. 어획량에 미치는 영향 – 동해/일본해 정어리의 소멸 원인인가?

독일 킬(Kiel)만은 청어 일종의 산란장으로 알려져 있다. 킬만에서 보름달물해파리 양과 청어의 자어(子魚) 개체 사이에는 밀접한 관계를 보여, 해파리가 증가하면 청어의 자어가 현저하게 감소한다. 당연하지만 자어 감소는 다음 해에 성장하여 친어(親魚)가 될 청어가 적게 되기에,

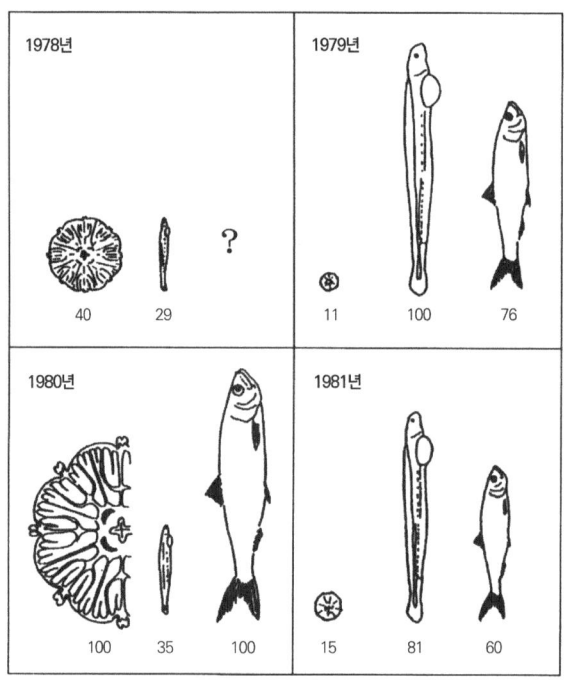

해파리, 자치어, 친어의 최대수를 100으로 하여 비교함

그림 4-1 | 어린 보름달물해파리 양과 청어의 자어, 성어의 어획량 관계(독일 킬만)
(H. Möller, 1984)

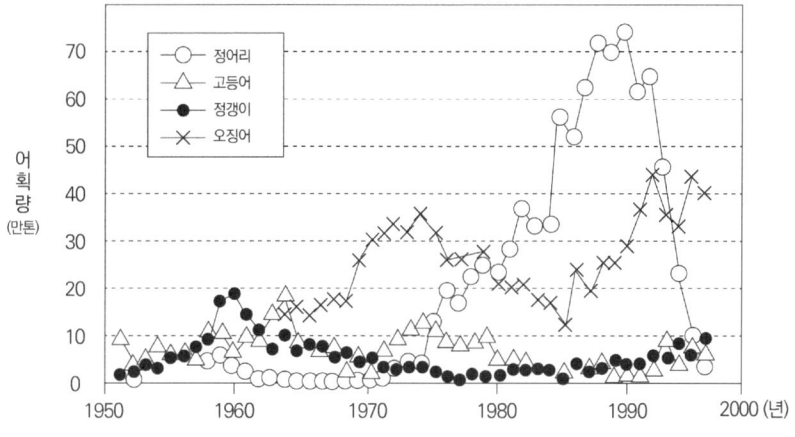

그림 4-2 | 동해/일본해의 주요 부어류(浮魚類)의 어획량(木所, 2002)

해파리가 많아지면 자어의 발생량도 적어진다. 이와 같은 예는 실제로 1980년과 그다음 해에 발생한 것으로(그림 4-1), 해파리가 어류 플랑크톤에 미치는 식해(食害)와 친어 수량에 미치는 영향에 대하여 독일 킬 대학의 H. Möller 교수 연구팀에 의해 명확하게 증명되었다.

그러면 동해/일본해는 어떠한가? 정어리, 고등어, 전갱이, 오징어 등 동해/일본해의 부어류는 약 20년 간격으로 증가와 감소를 반복하는 것으로 알려져 있다. 플랑크톤만을 먹는 정어리에 대해 살펴보면, 1990년 초기에 70만 톤이었던 어획량은 계속하여 감소하였고, 특히 1990년 후반부터는 감소가 더욱 뚜렷해 현재는 10만 톤 이하로 어획되고 있다(그림 4-2). 와카사만의 대부분을 점유하는 후쿠이현에서도 이와 같이 2,000톤 이상 어획되었던 정어리류가 1994~1995년부터

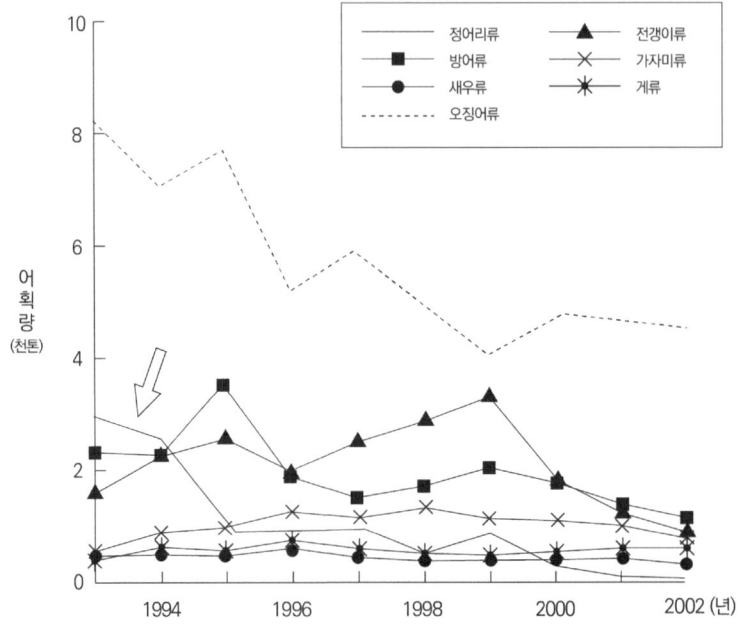

그림 4-3 | 어종별 어획량의 추이(후쿠이현, 福井縣 農林統計協會, 2004)

급격히 감소하여, 지금은 100톤 이하, 정어리는 전혀 없는 상태가 되어 있다(그림 4-3).

앞에서도 기술한 것처럼 동해/일본해에서 정어리와 최대 먹이경쟁자인 보름달물해파리의 증가가 현저한 해에는 정어리가 현저하게 감소한 연도와 매우 잘 일치하는 결과를 얻었다. 정어리의 어획량은 수온, 염분, 플랑크톤 생물량, 해황 등의 환경조건뿐 아니라 어선의 조업선 수나 조업 횟수 등에도 크게 좌우되지만, 동해/일본해의 정어리나 후쿠이현의 정어리류의 감소는 보름달물해파리와 기타 해파리류의 증가와 그에 의한 식해(食害) 및 먹이생물의 경쟁 때문일 가능성이 매우 높다고 할 수 있다.

세토나이카이 및 기타 해역, 최근 와카사만의 서부에 위치하는 마이즈루(舞鶴)만 연안 해역 등에서 보름달물해파리와 멸치·전갱이의 어획량과의 관계가 조사되었다. 그 결과 멸치는 해파리의 증가에 대응하여 감소하는 경향을 보여, 이는 킬만에서 청어의 일종에서 보여준 결과와 매우 유사한 관계임이 확인되었다(그림 4-4).

전갱이에서는 이러한 경향이 나타나지 않았지만, 전갱이는 기타의

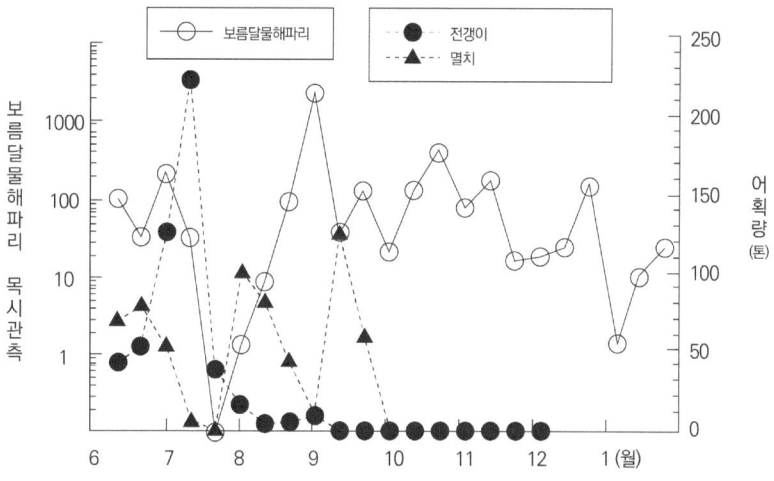

그림 4-4 | 마이즈루(舞鶴) 수산시험소 잔교 부근에서 관찰된 보름달물해파리의 개체수와 정어리 및 전갱이의 어획량과의 관계(益田, 2002)

자어(고등어, 참돔 등)보다 도피 행동이 뛰어나 야간에는 해파리의 분포층
보다 위쪽 해면 바로 밑에 모여 '패치(무리)'를 형성하여 해파리에 포획
되는 위험을 적게 받고 있기 때문이라 판단되었다.

2. 피해도 규모가 다른 큰덤불해파리

큰덤불해파리에 의한 어업 피해는, 거대 해파리가 그물에 들어오면 양
망이 어려워지고 그물 파손, 어획물의 현저한 감소, 어획물의 선도 저하
및 변색 등 기본적으로는 보름달물해파리와 거의 같다. 그러나 그 피해
의 크기와 규모는 단위를 달리한다(그림 4-5, 그림 4-6, 표 4-2).

거대 큰덤불해파리의 피해는 연안 해역에서 근해의 모든 그물을 사
용하는 어업이나 연승(주낚), 낚시에 이르는 모든 어업에서 발생하고 있

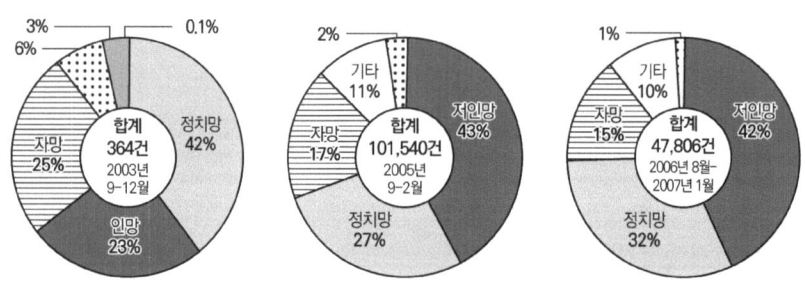

좌: 2003년(9~12월) 중: 2005년(9~12월) 우: 2006년 8월~2007년 1월(아래)

그림 4-5 | 큰덤불해파리에 의한 어업 피해 비율(本多, 2005; 水産廳, 2006, 2007)

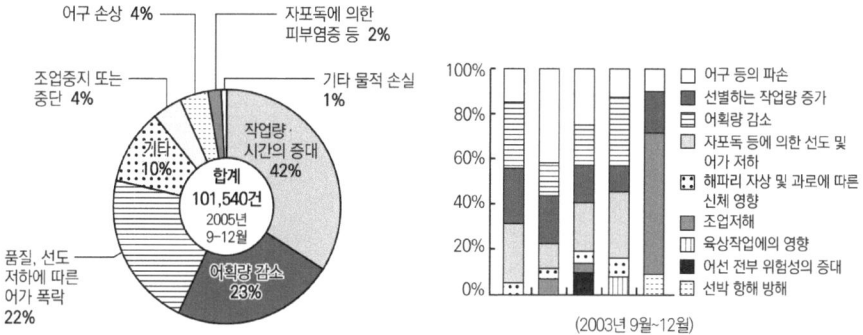

그림 4-6 | 2005년 9~12월의 큰덩불해파리에 의한 어업 피해의 내용
(本多, 2005: 水産廳, 2006, 2007)

다. 최종적으로 해파리의 대량 발생은 바다에서 조업이 어려워져 휴어를 할 수밖에 없게 된다. 최근의 상세한 어업 피해 내역을 보면, 2003년에는 360여 건의 피해가 보고되었으며, 정치망을 중심으로 저인망과 자망에서도 피해가 확인되어 이들 어업이 전체의 20%를 넘었다(그림 4-5, 위). 2005년에는 무려 10만 건이 넘는 피해가 보고되었으며, 내용적으로는 저인망이 가장 많았고, 다음으로 정치망, 자망의 순이었다. 표 4-5(가운데)에는 2005년 거대 해파리의 출현 및 분포 확대에 따라 피해가 급증한 양상이 나타나 있다.

2006년의 피해 건수는 2005년의 약 절반 정도이지만, 피해를 받은 어업은 2005년과 거의 동일한 양상을 보였다(그림 4-5, 아래).

어업 피해의 내용에서는 건수가 가장 많았던 2005년의 경우, 작업

출현 연도	어업의 주요한 피해 내용	기타의 피해	주요 피해 금액
1958	거의 대부분의 그물어업, 연승, 낚시어업 등 고기가 그물에 들지 않음, 그물이 해파리 무게로 양망되지 않음, 그물의 손상, 어구의 절단, 고기의 품질 및 가격의 저하(상처, 선도), 어업효율의 악화(조업시간 연장, 어종 선별 곤란), 휴어(노토반도에서 후쿠이현에 걸쳐 저인망어업)	부유 어뢰와 구분되기 어려워, 세이칸(靑函)[1] 연락선 야간 운행금지, 하치노헤(八戸)화력발전소 일시 정지	전국에서 십수억 엔 이상으로 추정. 니가타(新潟)현 저인망에 많은 피해로 생활비 지원 진정
1995	정치망, 권망, 저인망 양망 불가, 파손, 절단, 어획물의 감소, 조업시간 연장	불명	야마구치-도야마의 8개 현에서 5,000만 엔 이상
2002	정치망, 권망, 저인망 저인망의 가자미 및 새우 선도 저하 및 변색에 의한 어가 저하, 뉴스에 의한 풍평(風評) 피해	시마네현에서 어선 전복	시마네현 1,000만 엔 (정치망). 후쿠이현 에치젠(越前)에서 1억 4,000만 엔
2003	정치망, 저인망, 가두리 조기 휴어, 양식 넙치, 자주복의 대량폐사	어선 스크류 접촉 등의 항해 장애. 해파리 쏘임 사고가 다발	아오모리(靑森)현 23억(연어정치망). 후쿠이현 에치젠(越前) 정치망 5,000만 엔. 양식어 피해 100만 엔 이상
2004	정치망 양망하기가 힘든 정도	불명	큰 피해 없음
2005	저인망, 자망을 시작으로 하여 모든 그물어업에서 10만 건 이상 1995년과 동일한 것 이외에 조기 휴어	불명	후쿠이현 에치젠 주변 3,000만~4,000만 엔. 미하마 2,500만 엔. 이시카와현 5억 엔 이상 (정치망 수리비 만으로)

---

1 혼슈(本州) 북단의 아오모리(靑森)시와 홋카이도(北海道) 남단의 하코다테(函館)시를 연결하는 연락선, 즉 쓰가루(津輕) 해협을 횡단하는 연락선을 말한다.

| 2006 | 약 5만 건의 어업 피해가 있었고, 내용은 전년과 거의 같다.
10월에 돗토리현 자망 조업정지, 같은 달 와카사만의 3분의 1 이상의 정치망 휴어,
지역에 따라서는 전년 이상의 피해 | 불명 | 후쿠이현 한 개 어협에서만 1억 수천만 엔 |

표 4-2 | 큰덤불해파리의 대량 출현과 어업 피해

시간의 연장이 30%를 넘었고, 다음으로 어획량의 감소와 어획물의 품질 저하가 거의 같은 20%대로 되어 있다(그림 4-6, 위). 어업 종류별 피해를 살펴보면,

정치망: 어획량 감소와 어획물 선별 작업량의 증가

자망: 그물 파손

저인망: 해파리 무게에 의한 어선 전복 위험성 증가

선망: 처리를 위한 육상작업의 증가

낚시어업: 선박 항해와 조업 장해 등의 피해가 특징적이다(그림 4-6, 아래).

해파리에 의한 피해 금액도 커서, 대략 50년 전인 1958년의 피해금액이 당시 화폐가치로 수십억 이상으로 추정되었고, 2003년에는 아오모리현의 연어 어업에서만 23억 이상이라는 거액의 피해를 보았다. 이 외에도 세이칸(青函) 연락선의 운항정지, 어선의 전복사고, 자포 독에 의한 어업인의 쏘임 사고 및 건강 장애 등을 포함시키면, 이 거대 해파리의 어업 피해가 얼마나 광범위하고, 막대한가에 대해 충분히 알 수 있다.

3. 발전소를 기습한 해파리 무리

일본의 임해공업, 특히 냉각수로 해수를 사용하는 화력·원자력발전소는 대량으로 발생한 보름달물해파리 기습의 표적이 되는 경우가 종종 있다. 1960년대 이후 사고기록(표 4-3)에 따르면, 1960~1980년대까지는 주로 태평양 연안 및 내만 해역, 그리고 세토나이카이 등 연안 해역에서 보름달물해파리에 의한 사고가 빈발하였다. 그러나 1990년대 후반부터 동해/일본해 연안 해역에서의 사고가 증가하고 있다. 발전소의 취수구에 보름달물해파리가 유입되어 발생한 사고는 현재까지 실제 140회 이상 보고되었다. 최근에는 동해/일본해 연안 해역에서의 사고 건수가 확실히 증가하고 있으며, 세토나이카이에서도 앞으로 사고가 증가할 가능성이 매우 높다고 할 수 있다.[3]

뉴스나 사진 등을 통해 해파리 대군의 영상을 보았던 독자들도 많을 것이다. 저 말랑말랑하고 부드러운 해파리가 어떻게 견고한 발전소를 아프게 할 수 있는 것일까? 간단히 설명해 둔다.

① 우선 발전소 냉각수 취수구에 해파리 무리가 내습하여 대량의 냉각수와 함께 유입되면 해수를 여과하는 방진용(防塵用) 스크린의 처리 능력을 초과한다.

---

3 국내에서도 1990년대 후반기 이후 울진원자력발전소에서 보름달물해파리에 의한 발전소 발전 중단 등의 사고가 발생한 사례가 알려져 있다. 진재경(2004)에 따르면 2001년 8월 울진 원자력발전소 직원이 해파리 내습에 따른 발전소에서의 해파리와의 전쟁 내용에 대해 해파리 공격이 발전소에 얼마나 심각한 영향을 주는지에 대하여 약 10일간의 해파리 전쟁 일지를 구체적으로 게재하고 있다.

발전소 소재지	피해상황	발생 연월일 [ ]는 발전정지를 포함한 출력 제한
도쿄만 (東京都, 神奈川縣, 千葉縣)	출력 제한	1962[1], 1963[25], 1964[1], 1966[1], 1972
	로타리 스크린 등 기기 파손	1963, 1964, 1966, 1972
오사카(大阪)만 (大阪府)	출력 제한	1966[3], 1967[7]
	로타리 스크린 등 기기 파손	1964, 1965, 1966, 1967
이세(伊勢)만 (三重縣)	출력 제한	1964[1]
하리마나다 (播磨灘) (香川縣)	출력 제한	1964[1], 1983-84[4] (유령해파리도 혼입)
하리마나다 (播磨灘) (兵庫縣)	출력 제한	1967[7], 1968[3]
	로타리 스크린 등 기기 파손	1965[3], 1967[9], 1968
	발전정지	1967
기이수도 (紀伊水道) (德島縣)	출력 제한	1966[1]
도야마(富山)만 (富山縣)	출력 제한	1966[1], 1972[1]
겐카이나다 (玄海灘) (福岡縣)	출력 제한	1966[1]
엔슈나다 (遠州灘) (愛知縣)	출력 제한	1971[5], 1972[3], 1973[7]
엔슈나다 (遠州灘) (靜岡縣)	출력 제한	1973[1] (작은덤불해파리 혼입)

와카사(若狹)만과 쓰루가(敦賀)만 (福井縣)	출력 제한	1971[5], 1975[3], 1997[1, 2], 1999[1, 2] (붉은쐐기해파리 혼입), 2000[14], 2001[1], 2002[5], 2007[1, 2](살파에 의함)
	로타리 스크린 등 기기 파손	1971
시마네(島根)현 (鹿島)	출력 제한	1997[1, 2]
니가타(新潟)현 (柏崎)	출력 제한	1999[1], 2000[1], 2002[1], 2003[1](큰덤불해파리 혼입), 2004[1]

표 4-3 | 보름달물해파리에 의한 임해형 발전소의 공업피해

② 스크린의 처리 능력 초과는 스크린 전후에 수위나 수압의 차이가 발생하여 캐빈이나 축받이(베어링) 등이 파손될 수 있다.

③ 캐빈·베어링 등의 파손은 복수기 냉각용 해수의 취수량을 제한하거나, 취수를 정지할 수밖에 없게 된다.

④ 그 결과 정상적인 발전이 어려워져 발전소 출력이 저하되거나, 최악의 경우에는 발전을 정지하게 된다.

근년의 보름달물해파리에 의해 발생한 주요 화력 및 원자력발전소의 사고 내용은 다음과 같다.

(1) 효고(兵庫)현 세토나이카이 연안의 K전력 화력발전소

1967년 5~8월, 이곳에서 제거된 해파리는 무려 712~1,774톤에 달하며, 제거작업에 동원된 인부가 900~2,200명(사진 4-2c, d)에 달한다. 해파리를 제거하기 위한 그물 어구나 에어 커튼용 등의 자재비로만 당시

a·b: 아이치현 엔슈나다의 원자력발전소 취수구에 모여든 보름달물해파리와 그의 제거작업(제공: 森本義壽)
c·d: 세토나이카이 효고현 화력발전소 취수구 부근의 제거작업(제공: 松枝功熹)

사진 4-2 | 보름달물해파리에 의한 발전소의 피해

2억엔 이상 지출되었다고 한다.

(2) 아이치(愛知)현 엔슈나다(遠州灘)의 C전력 원자력발전소

1971~1973년 동안 사진 4a, b와 같이 보름달물해파리의 유입으로 큰 사고가 빈발하였다. 사진 b에서 백색으로 보이는 장소는 모두 해파리로, 당시 사고의 규모를 짐작할 수 있다.

(3) 후쿠이현 와카사만의 경우

사진 4-3 | 발전소의 쓰레기 흡인 장치에 모인 해파리를 제거하는 작업원(제공: 日本原子力發展所)

와카사만에는 현재 15기의 원자력발전소가 집중되어 있다. 5월 이후에 발전소의 취수구에 내습한 해파리는 2000~2002년 사이, 쓰루가발전소에서 200톤 이상, 다카하마발전소에서 연간 최고 90톤 이상에 달하며, 최대 약 80% 이상의 대폭적인 출력 저하를 초래하였다. 또 시라키의 발전소에서는 지금까지 예가 없던 엄동인 2월에도 처음으로 보름달물해파리 유입사고가 있어, 발전소가 긴급 정지하였다. 유입된 해파리의 제거, 처리 작업은 24시간 체제로 실시되어, 전 사원과 관계 업자의 진공흡입도구 사용 등 대단한 노력이 있었을 것이다(사진 4-2, 4-3).

(4) 니가타현의 가시와자키 원자력발전소

가시와자키 원자력발전소는 총 출력이 821.1만KW로서 세계 최대급 원전으로 알려져 있다. 여기서 1999~2004년 사이 5~8월에 육상으로 걷어 올린 보름달물해파리의 양은 무려 120~3,800톤에 이르렀으며, 1일 74~606톤으로 최고를 기록했다. 이 때문에 출력이 저하되어 해파리 회수 처리 작업에는 진공흡인차 및 회수용 컨베이어가 사용되는 등 막대한 노력이 필요하게 되었다. 또 2003년에는 12~2월 엄동기에 가장 두려운 생물 중 하나인 큰덤불해파리가 이어서 내습하여, 그 유입량은 260톤에 달했다고 한다. 이와 같이 발전소 냉각수와의 관계에서도 해파리는 가장 어려운 과제 중의 한 자리를 차지하고 있다.

4. 전기해파리 및 독 해파리 – 해안에서 쏘임 사고 발생

해파리 중에서는 촉수나 부속기에 있는 자포 독이 매우 강한 종류가 있다. 독침(자포)에 쏘이면 통증이 매우 강하며, 심할 경우에는 보행이나 호흡곤란에 빠져 실신하거나 졸도하는 경우도 있다. 최악의 경우는 쏘임을 당하고 나서 30초에서 수 시간 이내 길게는 15분 이내에 사망하기도 한다.

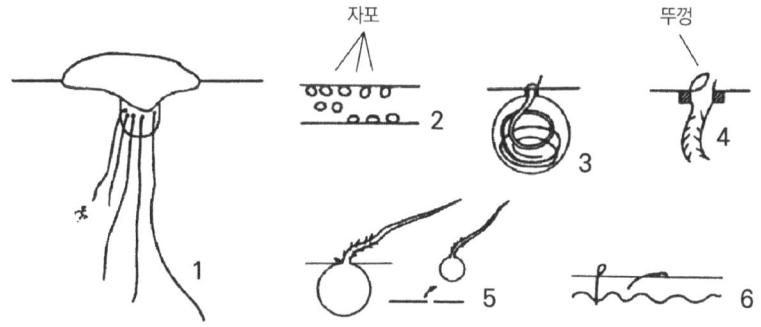

1: 부레두건해파리   2: 촉수에 다수의 자포가 있다.   3: 자포   4: 자포 두껑이 열린 곳
5: 독침이 반전하면서 발사 직전(왼쪽)과 발사 직후(오른쪽)의 자포   6: 상대 동물의 피부를 찌른 자포

그림 4-7 | 부레두건해파리 자포의 발사기구(肥田野, 1973)

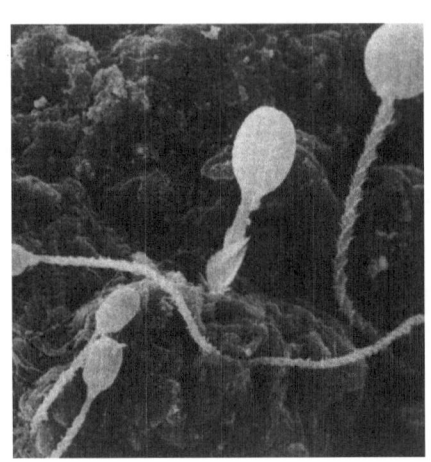

사진 4-4 | 사자갈기해파리의 자포와 자사가 자신의 팔에 쏘이게 하여 실험한 Heeger의 전자현미경 사진. 스케일 2μm.(제공: Th, Heeger)

독이 가장 강한 것은 부레두건 해파리로서 '전기해파리'라는 별명을 가졌다. 자포에 접촉한 동물에 발사되어 피부를 쏘인 모양이 그림 4-7이다. 또한 킬 대학의 Th. Heeger 조교수가 사자갈기해파리의 자포가 사람의 피부를 쏜 모양을 세계 처음으로 전자현미경으로 기록한 사진을 보내주었기에 게재한다(사진 4-4). 사진으로부터 하나의 해파리에는 원형, 타원형, 장타원형의 자포가 있고, 나선형의 자사가 피부에 단단하게 박혀 있는 모습을 분명하게 알 수 있다.

그런데 이 귀중한 사진은 Heeger 조교수가 자신의 왼팔에 해파리의 촉수가 닿도록 하여 촬영한 것으로, 자신의 몸을 희생하여 얻은 자료이다. 이러한 내용을 나중에 알게 되었을 때, 그들의 연구에 대한 깊은 정열과 국경을 넘은 성의 있는 따뜻한 협력에 대하여, 머리를 들 수 없을 정도의 숙연함과 고마움을 느꼈다. 일본에서도 그들과 같이 실천적인 해파리 연구자가 계속 나타나기를 마음속 깊이 기대해 본다.

참고로, 해파리에 쏘였을 경우 증상을 그림 4-8에 정리하였다. 특히 일본해/동해와 세토나이카이의 연안 수역 및 내만 해역에서 해파리에

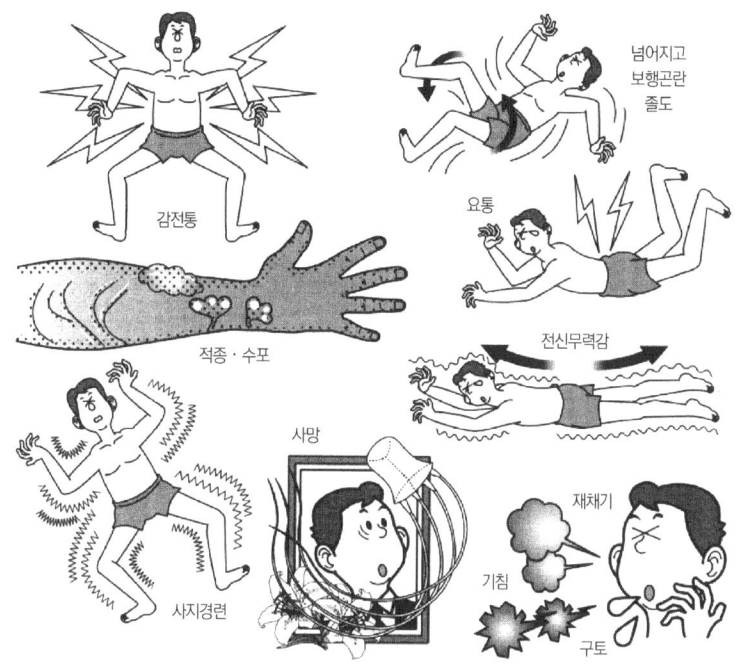

그림 4-8 | 해파리 독의 증상(楠·他, 1967의 자료 이용 작성)

쏘이는 사고는 앞으로도 점차 증가할 것으로 예측된다.

일종의 연안 해역에 서식하는 종류 중에 쏘였을 경우 죽음에까지 이를 수 있는 위험한 해파리로는 이 부레두건해파리 외에 붉은쐐기해파리가 있다. 또 지역적인 종으로는 삿갓해파리와 예쁜관해파리, 연등입방해파리가 있고, 같은 분류군으로 오키나와 연안 해역에 출현하는 반신뱀해파리, 해조장에서는 갈고랑이해파리, 새롭게 건설된 호안, 항내의 방파제 부근에서는 외다리해파리 등이 위험한 해파리이다. 이와 같은 해파리에는 충분한 주의가 필요하다.

또 최근 동해/일본해 연안 해역에 표착하는 경우가 많은 킹카해파리도 주의가 필요하다. 독은 약하다고 하지만 보름달물해파리도 무리 속에 빠져 전신에 쏘이면 위험할 수 있다. 또 약한 독으로 알려진 큰덤불해파리의 자포 독도 상당히 강한 것으로 알려졌다. 저자도 여러 차례 경험한 바 있지만 촉수나 띠 모양의 부속기 파편이 튕겨 나가 손, 발이나 얼굴에 붙으면 매우 심한 통증이 있고, 수포가 생기기도 하며, 눈에 들어가면 동공 개폐불능이 되는 수도 있어 위험성이 있다. 큰덤불해파리와 전투를 치르는 어업인만이 아니라, 여가를 즐기기 위해 바다를 방문하는 사람들도 각 지역의 해파리류 출현 정보에는 충분히 주의를 기울일 필요성이 있다.

해파리에 쏘이지 않기 위한 예방조치로는 다음과 같다.

① 떠다니는 해조나 쓰레기가 모이는 곳 및 해조장에는 해파리가 많기에 헤엄치지 말 것.

② 해파리가 해면으로 올라오는 저녁이나 해지기 전 시간, 낮에도 구름이 많거나 가랑비가 내리는 등의 날씨에는 수영을 하지 말 것.

③ 선크림을 바르면 체표면에 지질 막이 형성된다. 그러기에 수영하기 전에 선크림을 전신에 바르는 것이 필요하다. 그게 어려우면 적어도 목이나 옆구리, 허벅다리와 같은 피부가 연한 곳은 잊지 말고 바를 것. 선크림을 바르면 만일 해파리에 쏘이더라도 지질막에 의해 자포 독의 피해가 현저하게 저하된다. 시중에서 선크림을 쉽게 구입할 수 있기에 꼭 한번 실천해 보고, 모르는 친구들이 있으면 알려주기 바란다.

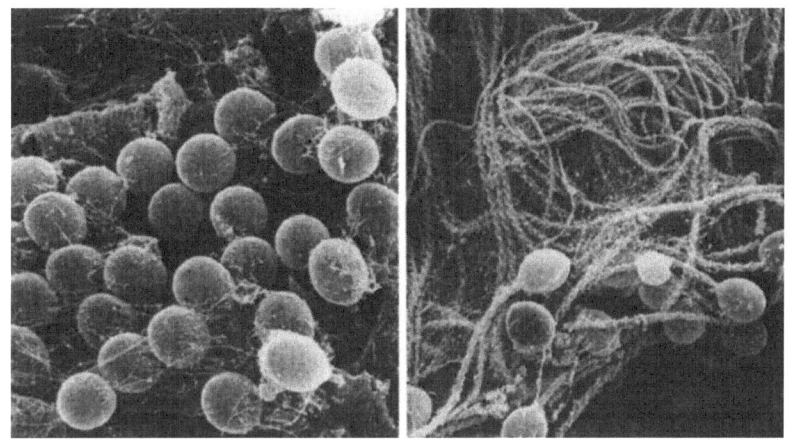

왼쪽: 선크림 없음. 사자갈기해파리의 자포가 피부에 집중적으로 박혀 있다. 자사는 피부 내에 삽입되므로 보이지 않음.
오른쪽: 선크림 도포. 자사가 피부 속으로 침입하지 않아 휘어져 있음.

사진 4-5 | 해파리 자포에 대한 선크림의 방어 효과(제공: Th. Heeger)

오래전부터 참깨기름 등을 발라 두면 좋다는 것이 의학 연구자 사이에 알려져 있었지만, 이와 같은 민간요법이 Th. Heeger 조교수의 전자현미경을 사용한 과학적 접근방법에 의해 증명되었다. 즉, 선크림을 도포하면, 바르지 않은 것과 비교하여 해파리를 만졌을 때 자포가 발사되는 비율이 7.7~38.2% 이하로 억제된다고 한다. 더욱이 자포가 발사되더라도 지질막에 의해 자사가 피부로 침입할 수 없어 독이 피부에 주입되기 어렵다는 것도 밝혀졌다(사진 4-5). 기초와 응용이 연결되는 정말로 훌륭한 연구결과라 할 것이다. 기타 위험한 갈고랑이해파리 등이 부착하여 있을 가능성이 높은 큰실말 등의 해조는 생으로 먹지 않아야 한다.

그렇게 하였는데도 해파리에 쏘였을 경우 응급조치는 다음과 같다.

① 촉수 등의 이물질을 핀셋이나 젓가락 등으로 빠르게 제거한다.

② 담수가 아닌 반드시 바닷물로 씻어낸다.

③ 식초를 희석시킨 것이나 레몬과즙을 도포하고, 얼음찜질로 효과를 볼수 있다(많은 어부나 해녀들이 이 같은 효과를 입증한다). 또 신선한 파파이아 과즙은 즉효성이 있는 것으로 알려져 있다.

④ 시간이 경과한 경우에는 때에 따라 뜨거운 샤워가 효과적이라고 한다(永井, 2006년 5월, 私信).

또 촉수를 맨손으로 제거하려고 비비거나 긁게 되면 자포가 퍼져서 통증이 확대된다. 맨손으로 직접 제거하지 말고 핀셋이나 젓가락을 사용하거나 해수로 씻어내는 것이 중요하다. 또 해파리에 몇 번이고 쏘이면 과민증이 되어, 아나필락시(Anaphylaxie) 쇼크를 발생시켜 중증이 되는 경우도 있기에 주의가 필요하다.

1960년대 이후 해파리류에 인간이 쏘인 사건의 예는 표 4-4에 정리하였다. 표에 따르면 1980년대 이후부터 동해/일본해에서 쏘이는 경우가 많아지고 있으며, 특히 1990년 후반부터는 어업이나 발전소의 피해와 같이 넓은 해역으로 확대되고 있는 점이 주목된다. 앞으로 봄부터 여름 및 초가을에 걸쳐 해변에서 여가를 즐기는 경우에 이와 같은 내용에 충분히 주의하여 해파리에게 쏘이지 않기 바란다.[4]

---

4 국내에서도 2000년 부산과 남해 일대에서 해파리 경보가 발효되었고, 2003년에는 제주의 해수

발생지	원인 해파리	발생년 (쏘인 사람 수, 중상, 사망)
홋카이도, 사로마호수 아오모리현, 쓰가루	붉은쐐기해파리, 수양버들해파리	1961~1963 (175명·중 88)
후쿠이현	붉은쐐기해파리	1967 (수십 명), 1979 (수십 명·중 3·사 1)
교토부		1976 (약 300명·중 20), 1983 (약 200명·중 10)
동해/일본해 전역 (시마네(島根)− 야마가타(山形)현)		1997 (약 수백 명·중 ?)
동해/일본해 전역 (후쿠오카−야마가타현)		1999 (약 수백 명·중 ?)
후쿠이현	붉은쐐기해파리, 꽃모자칼퀴손해파리	1984 (수십 명·중 1)
효고현(동해/일본해 쪽)	연등입반해파리, 꽃모자칼퀴손해파리	1978 (수십 명)
니가타현		1983 (수십 명)
니가타현	사자갈기해파리	1970 (수십 명·중 1)
후쿠이현	외다리해파리	2000 (수십 명·?)
나가사키현	부레두건관해파리	1961 (약 1만 5,000명), 1982 (40명), 1982 (약 400명)
오키나와현		1979 (중 1)
나가사키현	꽃우산해파리	1979 (수십 명·중 5·사 1)
오키나와현	반신뱀해파리	1981 (?·중 3·사 1)
후쿠이현	예쁜관해파리	1995 (수십 명·중 3), 2000 (3명·중 1)
효고현(동해/일본해 쪽)	보름달물해파리, 꽃모자칼퀴손해파리, 예쁜관해파리	1998 (약 50명)

표 4-4 | 해파리에 사람이 쏘인 사고의 예

욕장에서 수십 명이 해파리에 쏘여 일부가 병원에 입원한 기록은 있지만, 구체적인 통계자료는 없다.

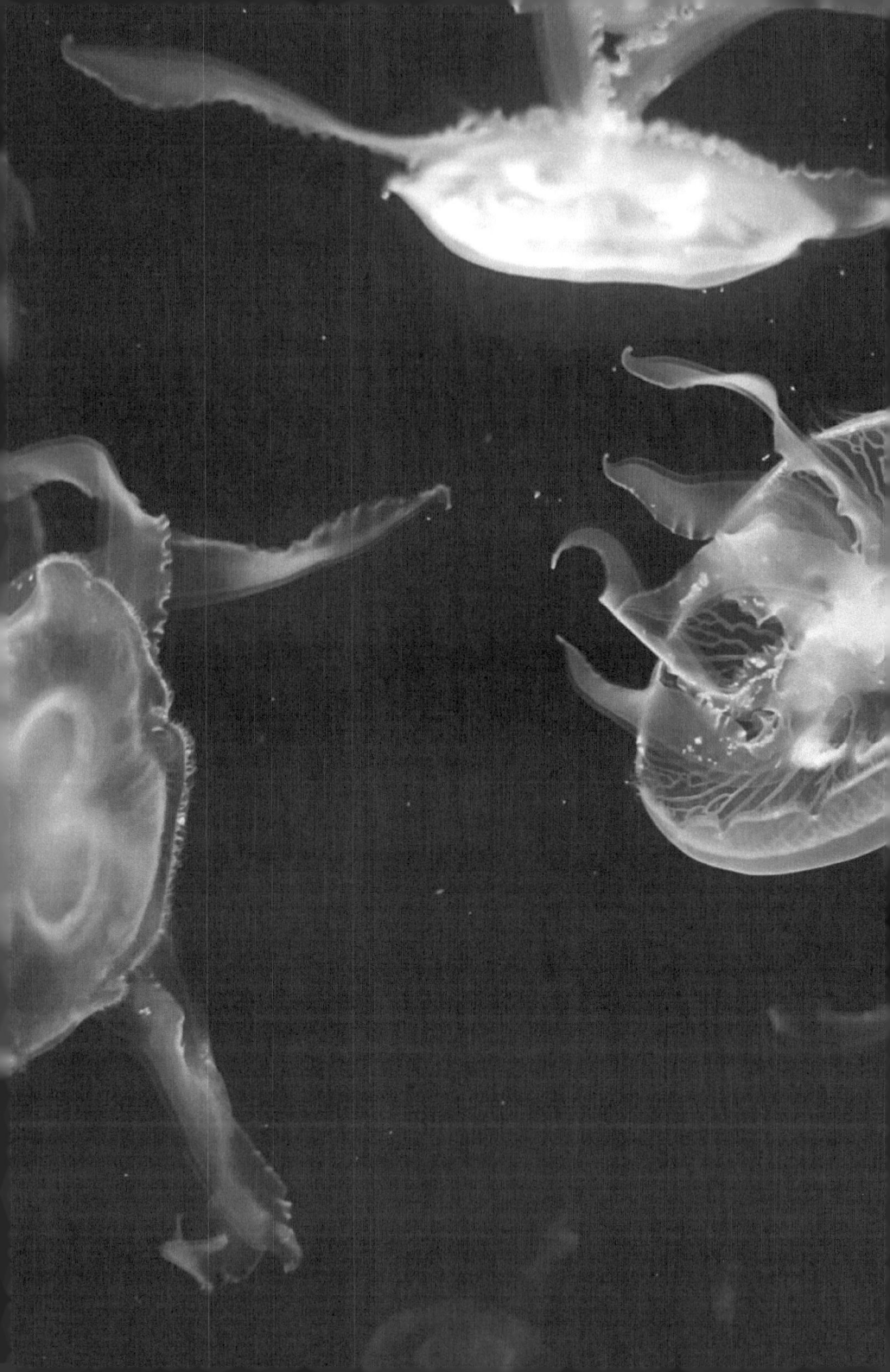

5장 해파리 전선에 이상 있다

대책에서 이용까지

▶ 해파리 폰즈(pons), 해파리 정식, 해파리 아이스, 큰덤불
해파리 분말이 들어간 '에쿠라짱' 등 해파리를 재료로 한
식품들

1. 왜 대량 발생하게 되었는가?

보름달물해파리와 큰덤불해파리에 한정하지 않고, 기타 여러 종의 해파리를 포함하여 피해를 최소화하고, 사전에 해파리 출현을 예측하기 위해서는 우선 해파리의 대량 발생이 어디에서 일어나고 있는가를 아는 것이 선결 문제이다. 다음으로 대량 발생의 조건, 즉 해파리의 출현과 기상 상황 및 해양 환경 인자 등 출현을 지배하는 환경 인자를 명확히 하는 것이다.

가. 대량 발생하는 환경과 예측방법

와카사만 동부의 쓰루가만에서 해파리 채집기(사진 5-1)에 채집된 보름달물해파리의 플라눌라 유생과 폴립의 자료 및 해역의 해저 퇴적상의 자료로부터 발생 장소는 10~20m보다 얕은 해조류나 모래, 자갈이 깔린 천해 해역임이 분명해졌다(사진 5-1, 5-2, 그림 5-1, 왼쪽). 또 잠수에 의해 보름달물해파리 폴립의 출현 및 분포를 조사하여 작성한 이세만의 발생 장소는 검은색 띠를 나타내는 해역임

국자가리비 패각 5~6매를 연결하여 해수 중에 달아둔다.

사진 5-1 | 해파리의 폴립이나 플라눌라를 채집하는 도구

사진 5-2 | 폴립으로 변태를 시작한 플라눌라(위), 초기의 폴립(아래 왼쪽),
직접 변태한 에피라(제공: 위-아쿠아커뮤니티 아래-동경시네마신사)

이 분명해졌다(그림 5-1). 기타 해파리의 플라눌라 및 폴립은 대규모 호안
공사나 부유 잔교, 항내의 안벽/옹벽 등의 인공구조물에 잘 착생하는 것
으로 알려져 있기에, 이들 인공구조물도 주요 관찰대상 장소가 된다.

이와 같은 해역에서 번식기인 1~6월에 플랑크톤 네트(구경 45~50cm
이상, 망목 0.33mm)로 해파리 유생(에피라 또는 메데피라)과 어린 해파리를
채집하여 출현 상황을 조사하면, 그해 해파리의 출현량을 추정하는 것

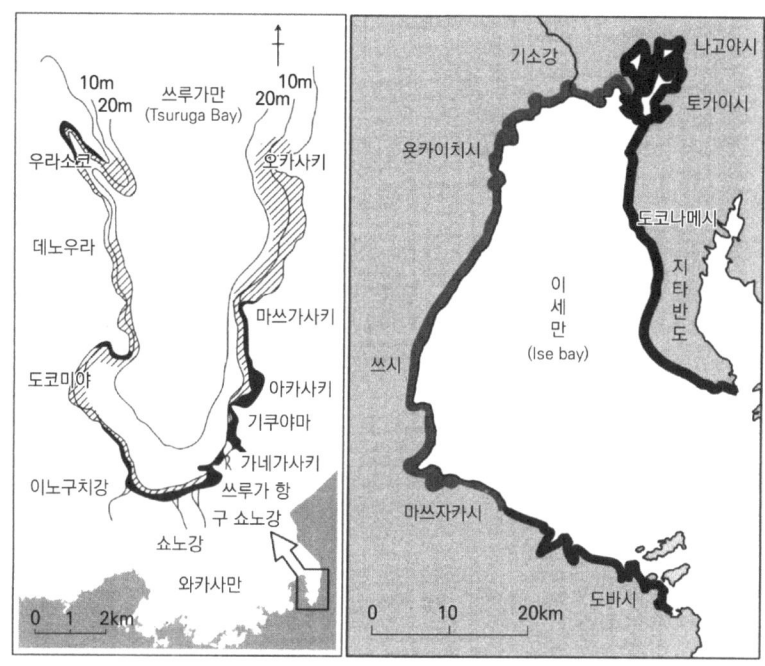

10m
20m
쓰루가만
(Tsuruga Bay)
10m
20m
우라소쿠
오카사키
데노우라
마쓰가사키
도코미야
아카사키
기쿠야마
가네가사키
이노구치강
쓰루가 항
구 쇼노강
쇼노강
와카사만
0   1   2km

기소강
나고야시
토카이시
욧카이치시
도코나메시
지타반도
이
세
만
(Ise bay)
쓰시
마쓰자카시
도바시
0   10   20km

흑색부분은 주된 발생 장소를 나타냄

그림 5-1 | 보름달물해파리가 발생하는 장소: 와카사만 동부의 쓰루가만과 이세만
(왼쪽그림: 중부전력, 해양생물환경연구소, 2003)

이 가능할 것이다. 에피라에서 어린 해파리에 이르기까지의 생잔률(生殘率)은 상당히 높은 편으로 실제 바다에서 6% 수준으로 나타났다. 성장기에 있는 해파리의 천적이 일부 어류(감성돔이나 쥐치)를 제외하면 그다지 많지 않기 때문이다. 장기적인 발생 및 출현을 예측하는 경우에는 이와 같은 조사를 같은 해역과 방법으로 수온, 염분 등의 해양환경 관측을 병행하여 지속적으로 자료를 축적할 필요가 있다.

저자의 관찰과 실험에 따르면 해파리 출현 수온은 실내 실험 및 현
장의 출현 상황으로 판단할 때 15~20℃가 적당한 기준이 될 것이다. 기
타의 기상조건으로 온도와 강수량이 관계가 깊다. 특히 봄부터 여름에
걸쳐 고온과 낮은 강수량(비 없는 장마), 그리고 일조량이 풍부한 해에는
해파리의 대량 발생에 경계가 필요하다. 이와 같은 기상조건을 보였던
1931년의 도쿠시마 연안 해역과 1950년 아키타현 하치로가타 연안, 최
근에는 도쿄만, 세토나이카이의 일부 해역, 그리고 가고시마만에서 보
름달물해파리의 대량 발생이 기록되고 있다. 붉은쐐기해파리나 야광외
양해파리의 대량 출현에도 이와 같은 기상조건이 확인되고 있다.

나. 큰덩불해파리 대발생 연도와 기후

이 거대 해파리의 출현을 예측하려면 그들이 지금까지 어떠한 조건에
서 대발생하여 왔는지에 대한 내용을 알 필요가 있다. 그래서 다음 항목
에 대해서 조사하여 보았다.

(1) 대량 발생, 출현한 해의 기상조건

1920년 이래 본 해파리의 대량 발생을 조사하면, 소규모인 것은 와카
사만의 중심이었고, 중간 규모인 것 역시 와카사만에서 노토반도에 걸
쳐 발생하였다. 이들을 포함하여 현재까지 대량 출현한 해는 15회 이상
에 달한다.

해파리류의 출현 및 이상발생의 기상조건은 이미 설명했듯이 여름

철 고온과 낮은 강수량, 긴 일조시간 등을 들 수 있다. 그 예로서 쓰루가 측후소의 자료를 기본으로 해파리 대량 발생과의 관계를 정리한 결과를 표 5-1에 정리하였다. 5~9월의 시기를 선택한 것은 폴립의 횡분열이 종료되는 시점으로, 유리된 해파리 유생이 가장 빠르게 성장하여 목격되기 쉽기 때문이다. 동해/일본해 전 해역에서 해파리가 대량 출현하였던 1938년을 기준으로 하면, 1956, 1957년을 제외한 5~9월은 고온과 낮

연도	1920	1922	1924	1935	1938	1950	1951	1955
기온	— ○ (1)	● ○ (1) (3)	● ○ (1) (1)	— ○ (1)	● — (1)	— ○ (3)	— ○ (1)	— ○ (2)
일조	● — (3)	● — (5)	● ○ (4) (1)	● ○ (3) (2)	● ○ (1) (1)	● ○ (2) (2)	● ○ (4) (1)	● ○ (3) (2)
강수량	▲ — (2)	▲ — (3)	▲ △ (3) (1)	▲ — (1)	▲ △ (1) (1)	▲ — (2)	— △ (2)	— △ (1)
합계	6	12	11	7	5	9	8	8

연도	1956	1957	1958	1995	2002	2003	2004
기온	— —	— —	— ○ (2)	● ○ (1) (1)	● ○ (2) (3)	● ○ (1) (1)	● ○ (4) (1)
일조	● ○ (1) (3)	— ○ (2)	● ○ (2) (1)	● — (1)	● ○ (1) (2)	● ○ (2) (1)	● — (3)
강수량	— —	— —	— △ (2)	▲ △ (2) (1)	▲ ∨ (1) (2)	▲ — (2)	▲ △ (1) —
합계	4	2	7	6	11	7	9

● 기온이 매우 높고 일조가 매우 길다.　○ 기온이 높고 일조가 길다.
▲ 강우가 매우 낮다.　△ 강우가 적다.　( ) 달 수

표 5-1 | 큰덤불해파리가 대량 발생 및 출현한 해와 기상(5~9월)의 관계

은 강수량, 그리고 일조시간이 평년보다 길게 나타난 달이었다. 3개 항목마다 달 수의 합계는 모든 해에 5개월 이상이 된다.[1]

이 표는 앞으로 거대 해파리의 출현을 예측할 때 하나의 기준이 될 것으로 생각된다. 홋카이도보다 남쪽에서 한국 및 동중국해에 이르는 해역의 동일 년 및 월의 기상조건에 대해 검토가 가능하면 더욱 명확하고 상세한 거대 해파리의 대량 출현 및 발생조건, 그리고 원인이 밝혀지게 될 것이다.

다. 청명과 낮은 강수(비 없는 장마)를 매우 좋아한다.

다음으로 고온에 적은 비(빈 장마), 이른바 '일조'가 계속되면 왜 해파리가 대발생하는 것일까? 그 이유를 설명해 두자.

① 일반적으로 해파리강의 폴립은 해수 중의 펄 존재가 생존에 크게 영향을 미친다. 겨우 0.3mm 정도 몸이 펄에 덮이게 되면, 폴립은 대부분 죽게 된다. 그 때문에 비가 적은 해에는 육지에서 연안으로 유입되는 사니질이 많지 않기에 아마도 거대 해파리의 폴립도 생잔률이 높아진 것이 아닐까?

② 일조가 계속되면 강한 빛을 피해 폴립은 그늘이 있는 작은 돌이나 암반의 그늘, 기타 부착기반의 밑면 등에 밀집한다. 부착밀도가 높을수

---

1 어느 해역의 이동 경로 중 확산, 집적에 대한 환경 인자 도출도 중요하지만, 더욱 중요한 것은 해파리 초기 발생 해역에서의 환경인자와 발생에 관한 내용이다.

록 횡분열이 촉진되므로 해파리 유생(에피라)이 평년보다 많이 해수 중에 유리된다.

③ 고습이나 적은 비에 의한 수온 및 염분의 급격한 변화, 그리고 일조에 의한 높은 수중 조도(照度) 등은 폴립에 스트레스로 작용하여 무성생식을 현저하게 촉진시킨다.

④ 높은 온도는 지금까지 기술한 것처럼, 해파리의 성장 및 활동에 매우 유리한 조건이 된다.

또한 해파리 모체에서 떨어진 알이나 플라눌라가 해수 흐름에 의해 모래나 자갈, 해조류에 부착되는 부착률 역시 해파리의 대량 발생에 영향을 주게 된다.

라. 21세기는 해파리의 시대인가?

대략 40년 간격으로 대량 발생 및 출현하는 것으로 추정되던 큰덤불해파리가 1995년 이후 겨우 7년이 지난 2002년, 그리고 그다음 해인 2003년부터 2006년에 연속하여 대량(이상) 출현하여 그 출현 주기 및 간격이 매우 단축되었다. 그의 주된 원인을 몇 가지 들어본다.

① 주된 발생 해역(동중국해—한국 남서 연안)에서 인간 활동에 의해 연안 해역이 부영양화되어 적조발생이 증가하였다. 2003년 여름 한국 남동 연안에 발생한 대규모 편모 적조가 대표적인 예로서 이를 먹이로 하는 소형 요각류도 현저하게 증가하였다. 이것은 큰덤불해파리의 먹이가

되므로 대량의 먹이가 준비된 상태가 된다.[2]

② 매립이나 호안 공사의 확대, 부유잔교의 건조에 의해 폴립이 부착할 수 있는 장소가 증가하여 생존율이 높아졌다. 또 댐 공사로 하천 수량이나 모래의 공급량이 변화하여 바다의 영양균형이 파괴되고, 적조가 발생하기 쉬운 환경이 되었다.

③ 상품가치가 높은 작은덤불해파리만이 과잉으로 어획되어 상품가치가 반액 이하인 큰덤불해파리는 어획하지 않고 남겨두었다.

④ 먹이생물(동식물 플랑크톤)의 경쟁관계가 되는 정어리류나 해파리를 먹이로 하는 말쥐치, 쥐치 등이 남획되었다.

⑤ 큰덤불해파리가 발생하는 해역의 겨울철 온도상승은 4℃ 이상이 되며, 서부 동해/일본해의 외양역에 대형 난수괴가 형성된다. 더욱이 1995년 이후에는 동해/일본해 전역에 난수괴가 유입되면서 해파리의 수평 및 연직분포의 확대가 유리하게 되어 해파리의 성장을 촉진시켰다.

⑥ 2003, 2006년에는 동해/일본해에 냉수괴가 접근하여 흐름이 빠른 난수괴의 사행 현상이 보였다. 결과 큰덤불해파리를 연안 해역으로 밀어, 집적 체류하게 되었다(3장 끝 큰덤불해파리의 출현기록 (4), (7)의 그림 참조).

이상과 같이 해파리류가 대량 발생 및 출현하는 원인의 많은 부분은

---

2   한국 남해 연안은 1995년 이후 계속적으로 대규모 적조가 발생하고 있기에 해파리 대량 발생과 유의적 결과 도출이 어려우나, 4, 5월에 주로 발생하는 양쯔강 하구의 적조는 2002년 6월까지 지속되었고, 그 발생 해역도 제주 서방에까지 확대되는 양상을 보인다(윤양호 등, 2003).

해황을 제외한 인간 활동에 의한 직·간접적인 영향일 가능성이 매우 높다. 즉 인간이 해양환경의 균형을 계속하여 파괴할 경우 해양에 서식하는 생물은 우리의 상상을 넘는 막대한 규모로 변모하여 내습함으로써 큰 재앙을 초래할 가능성이 있다. 거대 해파리가 해양생물을 대표하여 우리에게 재삼 경고하는 것이라 할 수 있다.

2. 퇴치방법은 있는가?

불행하게도 현재 해파리를 완전히 박멸할 방법은 없다. 그러나 퇴치가 되지 않는다면, 피해를 최소화하는 것이 선결과제이므로 피해 최소화의 유효 방법에 대해 생각해 보자.

가. 행동방식을 이용한다.

보름달물해파리의 주야 이동 상태와 빛의 밝기의 관계는 2장의 그림 2-10과 같다. 이 결과를 이용하면 쥐치 어업에서 먹이로 해파리를 사용하고 있는 경우 어느 깊이에서 해파리를 잡는 것이 효율적인지를 추정할 수 있게 된다. 이 외에도 그물 어구의 투망과 양망에 피해를 최소화할 수 있는 시간을 결정하는 판단 자료가 된다.

해수욕장에서 발생하는 사람이 쏘이는 사고를 미연에 방지하기 위해서는 해파리가 표층으로 부상하는 저녁(특히 일몰 전)과 이른 아침에 수영을 피해야 할 것이다. 또 낮에도 햇빛이 약하거나 구름 또는 가랑비가 내릴 때에도 해파리가 표층에 출현할 가능성이 많기에, 날씨에도 주의해야 한다. 이것은 보름달물해파리뿐만 아니라 붉은쐐기해파리나 다른 위험한 해파리류에도 해당하므로, 바다로 갈 때에는 꼭 기억하길 바란다.

원자력 발전소에서는 복수기의 냉각효과를 높이기 위하여 10m 이하의 깊은 층에서 채수하는 심층채수 방식(쓰루가 발전소 등)이 취해진다. 이 경우, 주야 연직이동 상태에서 해파리의 유입시간 예측이 가능하다. 그 사례로, 봄에서 여름의 맑은 날에는 해파리가 주간과 야간에 주로 중·저층에 분포하므로 사고는 주간과 야간 두 차례 발생한다. 햇빛의 강도가 약해지는 가을과 이른 겨울에는 낮에 표층에 많기 때문에 사고는 일몰에서 야간에만 발생한다. 즉, 해파리의 냉각수 유입사고는 주야 연직이동의 조사결과와 잘 일치한다. 발전소에서 해파리 유입사고를 방지하기 위해서는 해파리의 주야 연직이동 양상에서 해파리가 분포하지 않은 수층에서 냉각수를 채수하는 방법을 검토할 필요성이 있다.

나. 해파리를 유인한다.

보름달물해파리는 음압, 밝기, 파장, 전류에 의해 우산의 박동이 촉진과 억제되는 것이 명확히 밝혀졌다. 대량으로 내습하는 보름달물해파리로 많은 어려움을 보이는 발전소에서는 빛에 잘 반응하는 것을 이용하여 강한 빛의 점멸광이나 10^3lux 정도의 낮은 조도의 빛으로 해파리를 취수구의 상층으로 유인하여 부상시키는 것도 하나의 안이 된다. 또 저주파수의 음향에도 잘 반응하므로 100Hz 이하의 저주파 음향을 보내, 우산의 박동을 자극시켜 부상시키는 것도 가능할 것이다(그림 5-2). 여

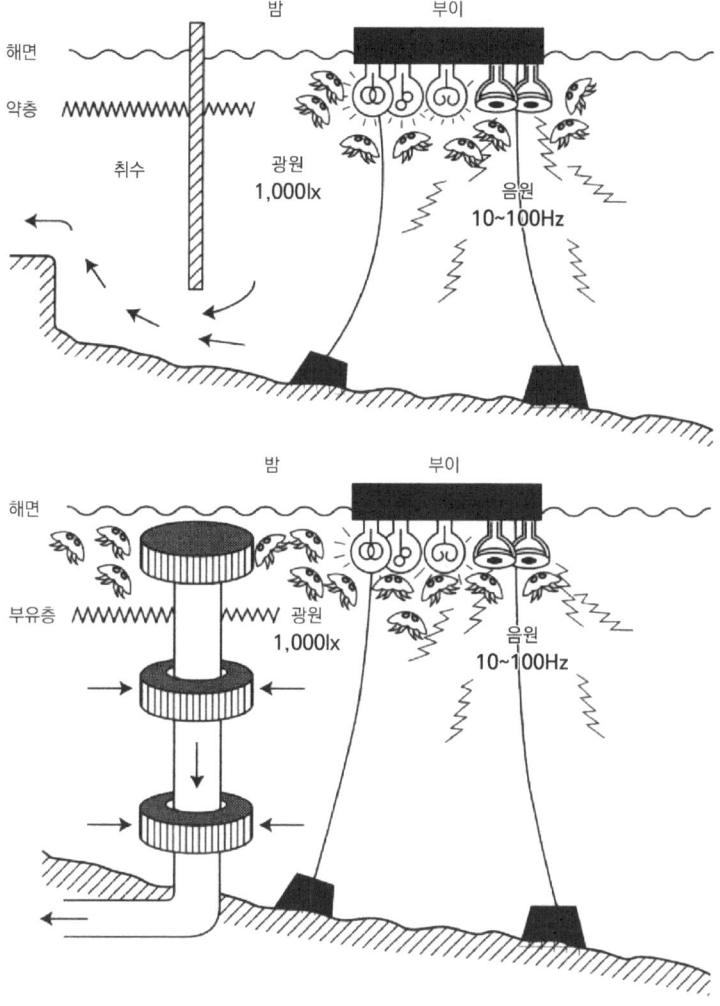

위: 커튼월 방식   아래: 층별 채수 방법

그림 5-2 | 발전소 취수구에 모인 보름달물해파리를 빛과 음을 사용하여 부상시켜
유입 사고를 피하는 일련의 시도(安田, 吉村, 2003)

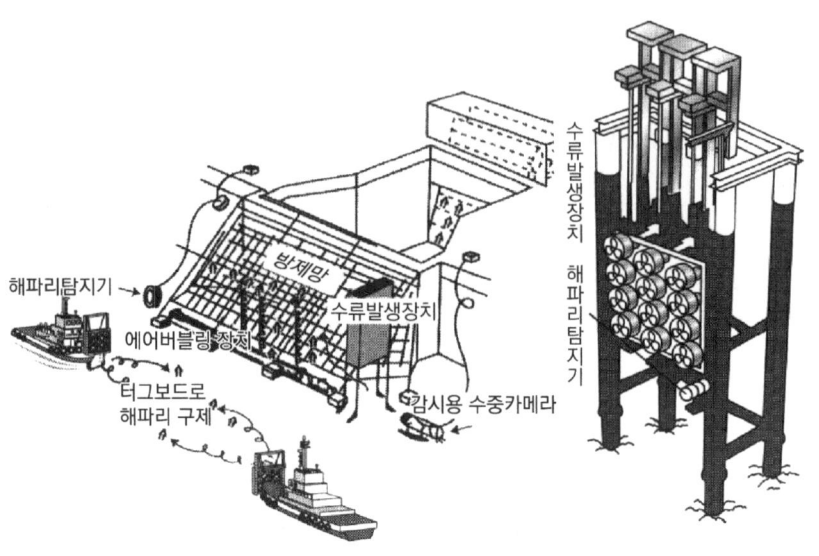

그림 5-3 | 해파리 방제장치와 수류발생장치(佐藤, 1990: 柳田, 2002)

기에다 기포에 의한 에어버블 커튼을 이용하여 보름달물해파리를 유인하는 기술이 도쿄만에서 실시되었고, 동해/일본해의 일부 내만 해역에서도 실험적이지만 방제방법이 확립되어 있다(그림 5-3, 5-4). 이동력에서는 수평이동 속도가 보름달물해파리의 3~6배이고, 연직이동이 70m 이상에 이르는 큰덤불해파리에 본 기술을 응용하여, 중요한 어장에서 멀리 떨어지게 유인하는 실험을 실시하여야 할 것이다.

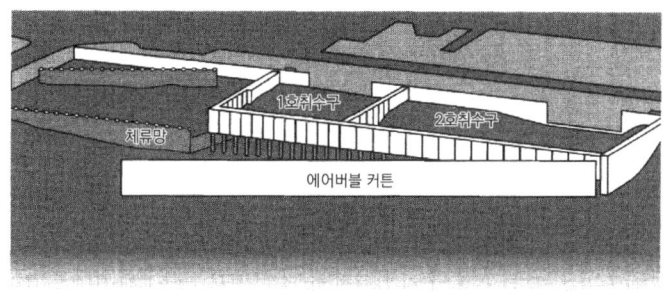

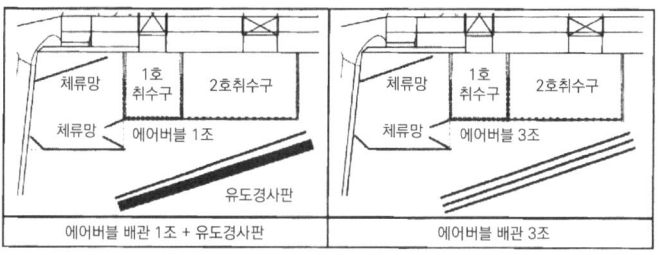

그림 5-4 | 공기방울커튼을 이용한 해파리 방제시스템
(敦賀 상공회의소 해파리 방지대책 working group, 2003)

다. 어구의 개량

해파리의 직접적 피해를 받는 것은 정치망, 선망, 저인망과 같은 그물
어법이다. 그물에 입망된 보름달물해파리와 큰덤불해파리를 완전히 제
거하는 그물 어구는 아직 개발되어 있지 않다. 그러나 일례로 동해/일
본해 연안 해역에서 겨울에 행해지는 까나리형망을 보면, 그물 입구의
윗면과 측면에 망목이 큰 예비 그물을 역삼각추 모양으로 부착하는 것
만으로도 보름달물해파리의 입망을 적게 하는 것이 가능하다. 이 경우,
까나리 어기인 12~3월에는 대부분의 해파리는 우산 지름이 13~17cm

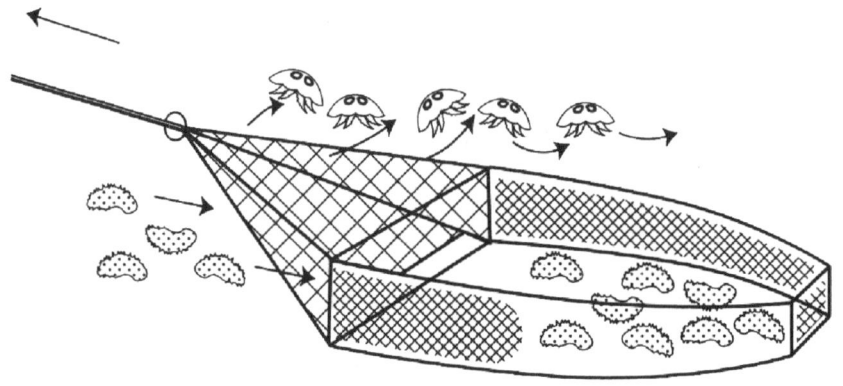

밑부분의 망목 부근에는 까나리가 들어올 수 있게 그물을 붙이지 않는다.

그림 5-5 | 까나리 형망과 그물 입구에 붙인 해파리 방제망

이상 달하고 있기에 방제망의 망목은 5~10cm를 기준으로 하면 충분할 것이다(그림 5-5). 큰덤불해파리에 대해서는 그물의 구조 개량이나 망목의 크기를 변경하여 어획물과 해파리의 분리 및 유입을 적게 하는 대책이 마련되었다(그림 5-6, 5-7).

또 거대 해파리에 대하여 트롤 기술을 응용하여 피아노선을 장착한 어구를 어선으로 예인하여, 바다에서 해파리를 40cm 이하로 가늘게 절단하는 실험도 실시되었다

사진 5-3 | 그림 5-8의 후단부(渡辺, 2007)

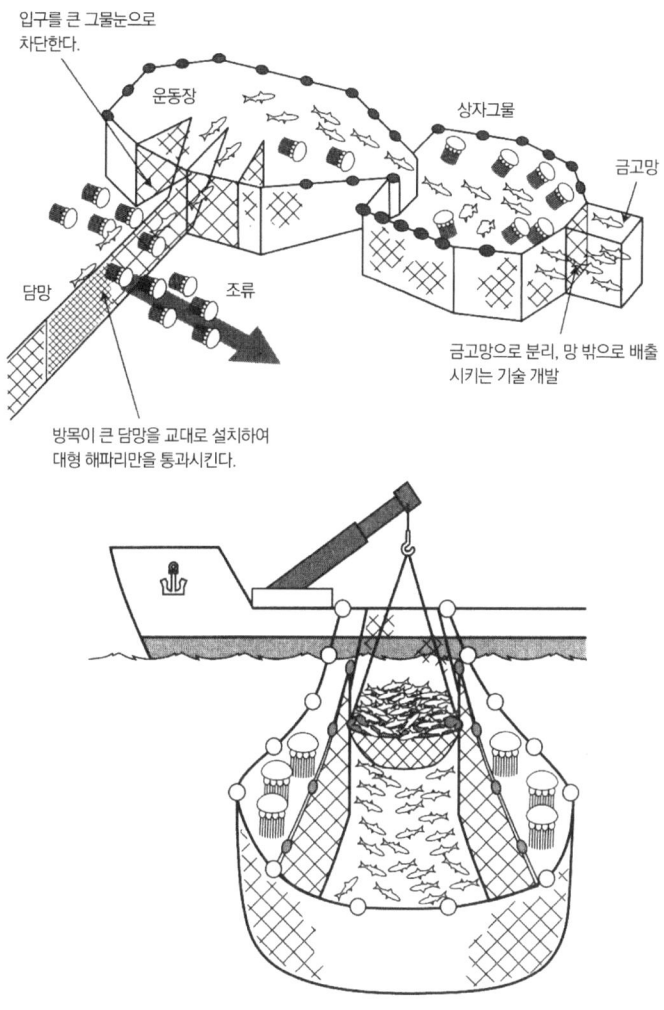

입구를 큰 그물눈으로
차단한다.

운동장

상자그물

금고망

담망

조류

금고망으로 분리, 망 밖으로 배출
시키는 기술 개발

방목이 큰 담망을 교대로 설치하여
대형 해파리만을 통과시킨다.

위: 정치망의 대책
아래: 선망의 대책(고기를 감싼 그물 내에 큰 망목의 칸을 넣어 대형 해파리를 옆으로 밀어내고 어류만을 선상
으로 어획한다.

그림 5-6 | 정치망과 선망의 대형 해파리 대책(本多, 2004)

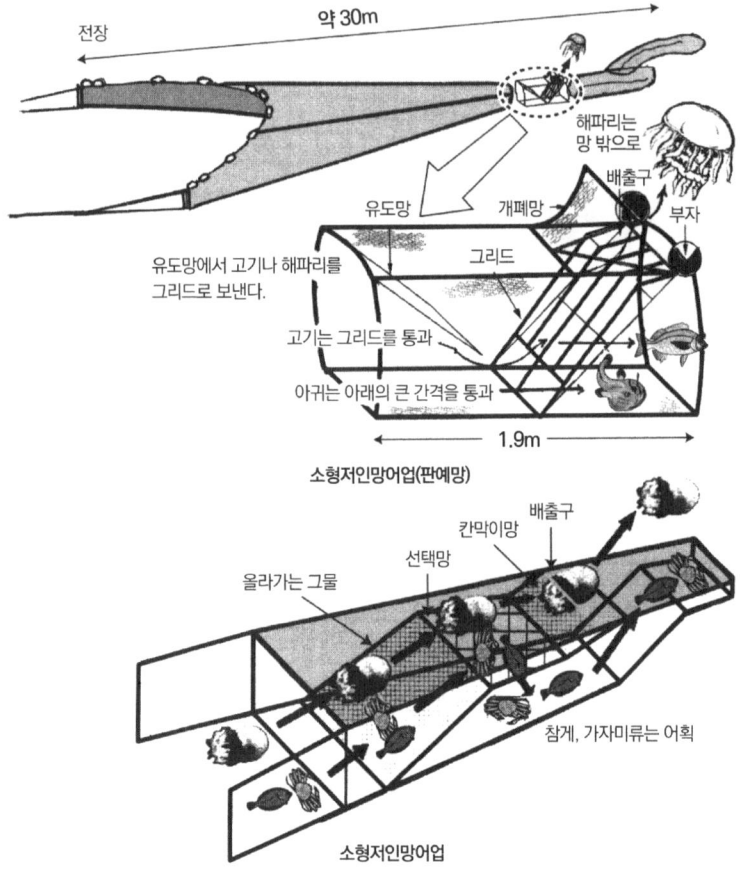

약 30m

전장

해파리는
망 밖으로

유도망에서 고기나 해파리를
그리드로 보낸다.

유도망   개폐망   배출구   부자

그리드

고기는 그리드를 통과

아귀는 아래의 큰 간격을 통과

1.9m

소형저인망어업(판예망)

배출구

칸막이망

올라가는 그물   선택망

참게, 가자미류는 어획

소형저인망어업

① 큰 망목의 선택망으로 대형 해파리와 어획물을 구분
② 대형 해파리망의 상부에 개방된 배출구를 통해 밖으로 배출
③ 선택망을 통과한 어획물은 그물의 끝부분(코드엔드)에 모인다.

그림 5-7 | 저인망의 대형 해파리 대책

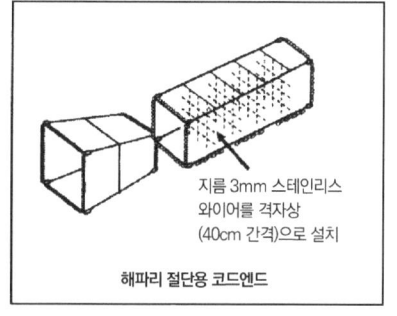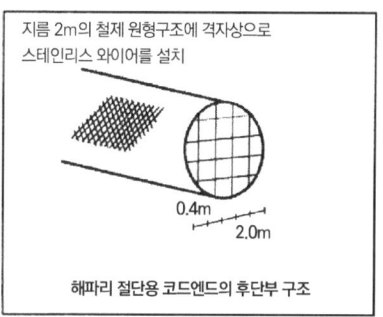

지름 3mm 스테인리스
와이어를 격자상
(40cm 간격)으로 설치

해파리 절단용 코드엔드

지름 2m의 철제 원형구조에 격자상으로
스테인리스 와이어를 설치

0.4m
2.0m

해파리 절단용 코드엔드의 후단부 구조

그림 5-8 | 대형해파리를 절단하는 지인망의 끝부분(cod-end) (渡辺, 2007)

(그림 5-8, 사진 5-3). 그러나 현재 낚시나 자망에 대해서는 아무런 대책도
없는 실정이다.

라. 해파리가 증식하지 않은 환경 만들기

이미 설명한 것과 같이 지금까지 만들어진 호안공사나 부유잔교 설치,
하천의 댐 공사 등 인공구조물의 증가는 해파리가 발생하기 쉬운 환경을
인간이 만들어 주고 있는 결과가 된다. 또 해파리를 먹어 치우는 천적인
어류가 남획으로 소멸되는 것도 하나의 원인일 것이다. 해파리의 먹이가
되는 플랑크톤을 대량 발생시키는 부영양화 등 해양오염도 이와 같다.

따라서 연안 해역의 수질정화를 목표로 하는 규제나 대규모의 연안
구조 개선사업 착공(해조장 조성 및 모래사장의 확대 등), 해파리의 천적이
되는 어류의 어획방법 개선이나 어획량의 제한 등을 실시하지 않은 한,
해파리의 대량 출현은 그 범위나 양의 변동에 대소의 차이는 있더라도

앞으로도 일본 근해에서 계속될 것이다.

마. 일본·한국·중국의 협력 체계

큰덤불해파리의 경우 소형의 어린 해파리 출현과 채집 결과로부터 그들의 발생지는 동중국해에서 한국 연안 해역일 것임이 틀림없다고 판단되었다. 따라서 일·한·중이 협력하여 큰덤불해파리의 유생, 어린 해파리의 출현 상황은 물론 수온, 염분 등 발생 환경 조건을 지속적으로 공동 조사하여, 그 결과를 신속히 보고하는 것이 앞으로 해파리 출현을 예측하고, 그 대책을 강구하는 데 가장 기본적이면서도 매우 중요한 일이 될 것으로 본다.

물론 가장 피해를 많이 입는 일본은 동해/일본해를 중심으로 거대 해파리의 정기적 정량 관측 체계를 만드는 것이 필요하다는 말은 굳이 할 필요도 없다. 이와 같은 체제에 의해 어느 정도 양과 계군(무리)이 연안으로 접근할 것인가를 예측하여야만 한다. 이 결과에 따라 각 지방의 연안어업에서 조업 계속 여부를 결정할 수 있게 될 것이다.

한편, 일본 연안에서 거대 해파리의 발생 가능성은 동중국해나 한국 남, 서해안과는 달리, 동해/일본해의 높은 염분으로 현시점에서는 낮을 것이다. 그러나 앞으로 일본 연안에서의 출현이 계속되어, 그들이 점차 동해/일본해의 해수 환경에 순응될 경우는 그렇게 단언할 수만은 없게 된다. 번식기가 5~8개월로 매우 길고, 2℃의 저온에서도 1개월 정도 견디는 알이나 정자를 가지는 큰덤불해파리는 점차 그 발생 장소를 확대해 나갈 위험이 있을지도 모른다. 실제로 남방에서 난류 해수를 타고 동해/일본해에 유입한 자리돔의 한 종류는 지금까지 동해/일본해의 겨울 낮은 수온으로 모두 사멸했다고 알려져 있다. 그러나 최근에는 동해/일본해 서부·중앙 해역의 환경에 적응하여 번식을 시작하였다고 전해진다. 해파리도 이 자리돔류와 같이 내성을 가질 가능성은 누구도 부정할 수 없을 것이다.

바. 해파리 대책의 문제점

거대 해파리에 대한 어구의 개량이라는 일부 대책 수단은 현시점에서 모두가 획기적인 것이다. 그러나 실제 겨울에 대형 정치망에 승선하여 보면, 이들 방법이 적용되지 않는 경우가 종종 있다. 500~1,000개체의 많은 해파리가 입망된 경우, 망목의 개량만으로는 처리가 불가하였다(사진 3-12). 해파리와 어획물을 분리하는 것은 대형 망목의 설치만이 아닌 피시펌프(Fish pump)를 병행하여 제거하는 등 적극적인 복합 방법도 검토하여야 할 것이다. 보름달물해파리에서 이송 펌프에 의한 선상 처리기술이 실용화되어 있기 때문이다.

거대 해파리를 피아노선으로 절단하는 방안은 새롭게 유효한 방법이지만, 아직 효과 및 문제가 충분히 밝혀지지 않은 몇 가지 점이 있다.

① 소형어선을 사용하는 경우와 몰려오는 해파리 무리 및 규모에 대하여 어느 정도(%) 구제 효과 및 영향이 있는 것인가?

② 절단된 대량의 해파리 파편이 확산하여 해저에 침전된 이후의 상황을 추적할 필요가 있으며, 그것이 수질이나 해저 환경에 어떠한 영향을 미칠 것인가?

③ 다른 어업이나 다른 생물에 대한 영향은?

④ 성숙한 알과 정자를 가진 해파리를 절단하더라도, 알은 죽지 않고 더욱 수정을 촉진시켜 플라눌라 유생의 확산을 촉진하는 결과가 되는 것은 아닌지?

⑤ 위와 같은 내용 외에도 해파리 자포 독에 의한 변색이나 선도 저하를 방지할 수 있는 대책이 있는지 등 앞으로 해명해야 할 과제가 많이 남아 있다.

또한 보름달물해파리는 매우 농밀하고 거대한 군집을 형성한다. 앞에서도 설명했지만 와카사만에서는 1㎥당 개체수로서 세계 제1을 기록한 적도 있다. 만일 발전소에 보름달물해파리가 밀려온 상황에서 해수를 20ton/sec의 속도로 채수한다면 겨우 40초에서 1.7분 사이에 6~13톤의 해파리가 모이게 된다. 이들을 처리하는 데 필요한 해파리 대책용 설비와 회수용 컨베이어의 설비를 만드는 데 한 기에 수천만 엔이상의 자재 및 설비비용이 든다. 이들에 대한 처리 능력, 비용효과 및 비용절감 등에 대한 재검토 역시 필요하다.

3. 해파리의 효과적인 이용법

가. 해파리를 먹자[3] – 샤브샤브, 아이스크림, 과자 등

(1) 보름달물해파리

중화요리 코스에서 전채(前菜) 음식으로 해파리냉채가 식탁에 올라온다. 이 음식의 식재료는 대부분 작은덤불해파리이며, 일부는 그보다 다소 값이 싼 큰덤불해파리가 사용된다. 이처럼 한두 종의 해파리가 식용이 되는 것은 널리 알려져 있지만, 연안 해역에 대량 발생하여 넘쳐나는 보름달물해파리의 식품화에 대해서는 시험된 적이 매우 적다. 보름달물

성분	체 부분	조성비	비고
수분	우산	96.13	
	구완	94.51	
	전체	95.56	
회분	우산	1.26	
	구완	2.89	
	전체	2.12	
지질	전체	0.012	
단백질	전체	1.71	보름달물해파리 각 부위
탄수화물(당질)	전체	0.91	(출처: 近畿大學農學部, 1970)

표 5-2 | 보름달물해파리 체성분 분석 결과(%)

---

3 국내에서도 정약전은 『현산어보』(1814)에서 해파리를 삶거나 회로 먹는다고 했다. 즉 오래전부터 해파리를 식용으로 해온 것이다. 이태원(2002)에 따르면 중국에서는 과거 담수 해파리를 도화선(桃花扇, 복숭아 꽃이 필 시기에 해파리가 몰려든다고 해서 붙여진 이름)이라고 하여 즐겨 먹었다고 한다.

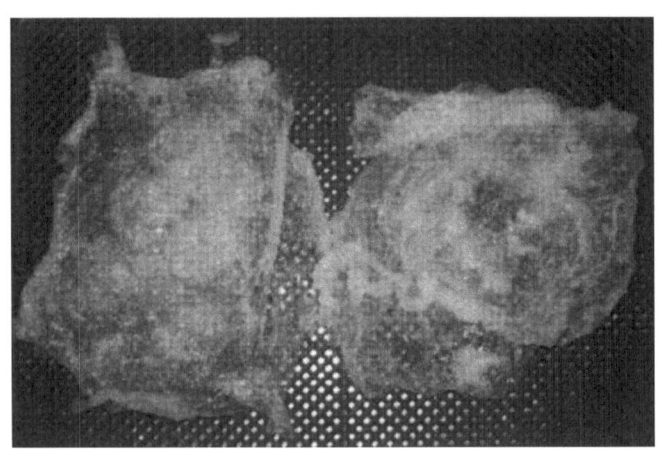

사진 5-4 | 염장 처리 후의 보름달물해파리(猿渡, 2005)

해파리의 몸 성분은 표 5-2에 나타낸 것과 같이 95% 이상이 수분이지만 1.7%의 단백질이 포함되어 있다.

1985년 캐나다 벤쿠버 섬 부근에서 채집된 보름달물해파리를 작은덤불해파리와 같이 소금과 명반으로 처리하여 식품화한 예가 있다.[4] 그러나 해파리 특유의 씹는 감촉이 없었기에 아쉽게도 일반에 보급되거나 이용되지 못하였다.

그런데 최근 오이타(大分)현 내수면연구소의 한 책임연구원(猿渡實)은 염장 처리한 보름달물해파리에서 염분을 빼고 수 초간 열탕에 넣어 가

---

4 국내에서도 영산강 하류의 몽탄과 전남 영암군 일대가 해파리의 명산지로 알려져 있으며, 예전에는 이곳에서 해파리를 가공하여 통에 넣거나 병조림하여 '조선 전남 몽탄특산, 진미가효, 천하일품 수월(水月, 해파리를 나타내는 별칭)'이라는 상표명으로 일본에 수출하기도 하였다 한다(이태원, 2002).

열한 뒤 차갑게 하는 것만으로 오도독오도독 씹는 맛을 내는 데 성공하였다(사진 5-4).

이 해파리의 열량은 100g당 20~30kcal로 매우 낮아, 다이어트 식품으로 유용할 것으로 예상된다. 또 횟감으로도 되어, 참깨 초무침이나 된장 절임으로도 사용된다(사진 5-5). 이들 식품은 매우 부드럽기에 나이 많은 고령자들도 쉽게 먹을 수 있다고 한다.

위: 횟감   아래: 참깨초무침과 된장 절임

사진 5-5 | 탈수한 보름달물해파리로 만든 요리
(제공: 猿渡 貴)

(2) 큰덤불해파리[5]

큰덤불해파리는 적어도 메이지 중기부터 식용으로 이용해온 것이 알려져 있으며, 1995년에는 우산 부분을 이시카와현과 야마구치현에서 가공하여 식품화시킨 실적이 있다. 큰덤불해파리의 조성을 보면 몸의 대부분인 96% 이상이 수분이며, 0.1~0.2%가 단백질이다(표 5-3). 그러나 지금은 큰덤불해파리를 이용하여 작은덤불해파리와 같은 정도의 오도

---

5   국내에서도 『자산어보』로 알려진 정약전의 『현산어보』에 거대 해파리에 대한 자세한 설명과 함께, 해파리를 회나 익혀먹는다는 내용이 있으나, 구체적인 종류는 불분명하다. 그리고 1960~70년까지도 제주 연안에서는 대형 해파리가 파도에 밀려 육지에 표류하면, 이를 담수에 담가두었다가 식용으로 이용하였다고 전한다.

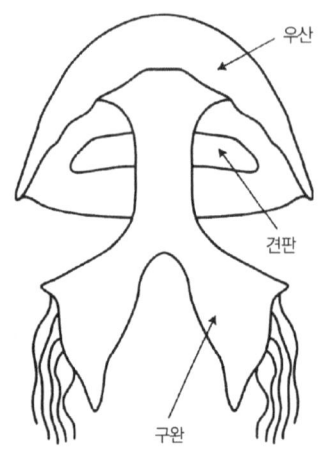

큰덤불해파리 명칭

독 씹는 감각을 가진 간해파리가 개발되었다(사진 5-6, 오른쪽). 또한 생 해파리의 우산을 그대로 가늘게 썰어 샤브샤브로 먹기도 하고, 요구르트나 아이스크림에 활용해 본 결과 예상 외로 인기가 있었다. 우산의 한천질이 투명하기에 여름에 초밥으로 이용된 적도 있다. 후쿠이현 오바마(小浜) 수산고등학교에서는 2002년부터 큰덤불해파리를 활용한 식품개발에 힘써 왔다. 그 결과 지금까지 '해파리 두부'를 만드는 데 성공했을 뿐 아니라 모 상사와 제휴하여 분말화한 해파리 재료로 만든 과자를 상품화하여 지역의

체 부분	수분	단백질	지질	회분	탄수화물	염분
우산 부분 (2005. 9)	96.1	0.1	–	2.8	1.0	2.4
(2005. 10)	96.6	0.1	–	2.8	0.5	
(2005. 11)	96.6	0.1	–	2.8	0.5	
(2004. 9)	96.1	0.2	–	2.8	0.9	
어깨 판	96.0	0.2	–	2.8	1.0	
구완	96.2	0.2	–	2.8	0.9	
	— 0.1 미만			(후쿠이(福井)현 식품가공연구소, 2007)		

표 5-3 | 큰덤불해파리의 체 성분 분석 결과(g/100g)

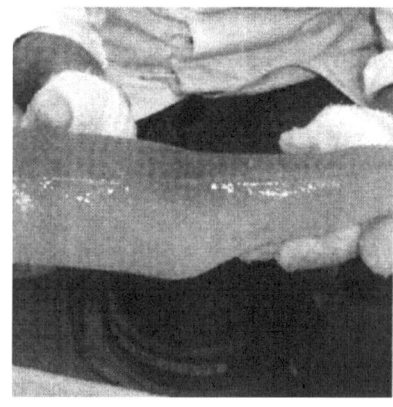

사진 5-6 | 염장처리 전 해파리 우산 부분(왼쪽)과 처리 후 완성된 간 해파리(오른쪽)
(후쿠이현 식품가공연구소, 2007)

역사나 고속도로 휴게소에서 판매한 결과 호평을 받았다. 특히 오사카에서는 하루에 2만 상자(한 상자 20매, 500엔)가 팔린 적도 있다고 한다(사진 5-7). 이후 해파리를 식재료로 중화풍 해파리 샐러드(사진 5-8) 이외에 해파리 조림(佃煮), 해파리 된장 절임, 술지게미 절임(粕漬), 해파리면, 막과자, 사탕, 해파리 간장, 코코넛 밀크디저트 등 여러 시제품이 계속

사진 5-7 | 큰덤불해파리 분말을 이용한 과자 '에쿠라짱'(제공: 후쿠이현 오바마 수산고등학교)

사진 5-8 | 탈수한 거대 해파리로 만든 중화풍 해파리 샐러드(후쿠이현 식품가공연구소, 2007)

해서 선보이고 있다.

이상과 같이 식품 재료로서 충분한 가치를 가지는 일부 해파리는 중국이나 한국의 해파리 어업이 번창하는 지역에서 많이 선전하여, 적극적으로 해파리를 이용할 수 있도록 할 필요가 있다.

나. 해파리 첨가물로 건강을!

건강 붐이 일고 있는 가운데 해파리도 첨가물 재료로 주목받고 있다. 보름달물해파리는 콜라겐을 시작으로 성인병 예방에 유효한 지질산 DHA(Docosa-hexaenoic acid)나 EPA(Eicosa-pentaenoic acid)가 등푸른 생선인 꽁치와 같은 비율로 포함되어 있음이 밝혀졌다. 또 이 해파리를 숙성시켜 혈압조정 기능물질을 포함한 정제 식품 음료용 액제가 개발되었다. 거대 해파리로부터도 효율 좋게 이들 유효물질이 추출되어 대량 생산이 가능할 것이다. 또 비타민 C가 포함되어 있는 것도 발견되었기에 건강식품으로서 개발도 크게 기대해 본다.

다. 앞으로의 이용법

아직 완전히 실용화되지는 않았지만 이러한 내용 외에도 해파리 이용에 유효한 사례가 최근 몇 가지 알려지고 있기에 그에 대해 간략히 기술

해 둔다.[6]

① 후쿠이현립대학에서는 암이나 백혈병의 진단약 및 연구용 시약에 사용되는 당단백질의 일종인 '렉틴'을 큰넙불해파리에서 정제하는 방법을 개발하였다. 수년 후에 실용화를 위해 정제 순도를 높이는 등 연구가 진행되고 있다.

② 거대 해파리는 항균, 보습효과가 높은 당단백질인 뮤신[7]이 대량 포함되어 있는 것이 발견되어, 해파리 3톤에서 1kg의 대량 추출이 가능하다고 알려졌다.

③ 보름달물해파리는 일부 식물플랑크톤 종의 대량 배양에 유효하다.

④ 유해 적조생물인 식물성 편모조류의 증식을 억제시키는 물질이 발견되었다.

⑤ 식용 새우, 게류의 유생이 해파리 체액에 잘 반응하는 것이 발견되어, 대량의 종묘를 생산하는 경우에 이용 가능성이 크다.

⑥ 거대 해파리와 막대한 양의 보름달물해파리를 논밭의 비료나 양식어, 가축의 사료로 이용 가능하다.

---

6   이태원(2002)은 해파리의 약리작용에 대해 한의학에서는 해철(海蜇)이라 하여 예로부터 강장 해독약으로 사용되었고, 고혈압과 기침, 변비 및 가래가 심한 사람에게 효과가 있는 것으로 조사 설명하고 있다.

7   뮤신(mucin)은 단백질과 다당류가 결합한 점성물질로서 (참)마나 연근에서 보이는 끈적끈적한 물질이다. 뮤신은 인체 점막을 보호하는 물질로 위궤양이나 위염의 예방 및 개선, 코 속의 점막을 튼튼하게 하여 독감이나 감기 예방에 효과가 있으며, 특히 알러지 예방이나 개선에 도움을 준다.

사진 5-9 | 파라오 제도 염호에서 볼 수 있는 문어해파리 대군(제공: Th. Heeger)

⑦ 발광평면해파리의 발광 단백질을 사용하여 암세포나 해충의 마커로 이용 가능하다. 또 이 단백질의 유전자를 나비 체내에 삽입시켜 나비의 두 눈을 녹색으로 빛나게 하는 것에 의해 유전학이나 진화를 탐색하는 연구에 이용된다.

⑧ 붉은쐐기해파리의 건조한 분말은 강한 자극성이 있어, 전국(戰國)시대에는 인자(忍者)들이 상대방의 눈을 뜨지 못하게 하기 위해 살포하는 분말재료로 사용하였다고도 전해지는데, 재채기를 유발하는 물질이 된 것이다.

⑨ 반신뱀해파리 일종의 강렬한 자포 독이 성적 불능 남자의 발기부전 치료약으로 개발될 가능성이 있다는 것이 보고되었다. 기타 거대 해파리

에서 위암 억제물질이, 심해성 해파리에서는 새로운 생리활성물질의 존재가 밝혀지고 있다. 이들은 한방 그리고 약학적 방면에서도 흥미 깊다.

⑩ 문어해파리에는 광합성을 행하는 소형 조류가 공생하고 있어, 해수 중의 탄산가스(CO_2)를 소비하여 대량의 산소(O_2)를 방출하기에, 생활배수 처리에서 활성오니법과 같은 역할을 하는 것이다. 연안의 해수 정화를 위해서 크게 활약해 줄 것이다(사진 5-9, 원색 사진 27).

⑪ 그 외에 일반적이 아닌 변형된 사용으로는 노르웨이에 있는 온천 시설에서 보름달물해파리의 박동에 의한 맛사지 작용을 이용한 신경통이나 루마티스 치료에 사용하여 매우 우수한 효과가 있었다고 한다. 이 해파리의 수명은 1년 이상이기에 사육이나 관리하는 방법에 따라서 연중 이용 가능할 것이다.

Column **해파리 테라피(치유) – 수족관에서 마음의 병을 고치다.**

현대는 '마음의 병을 치유'하는 것이 중요시되는 시대이다. 바닷속을 유유히 떠다니는 해파리의 환상적인 리드미컬한 모습이나, 종에 따라 표현되는 화려한 색채는 보는 사람들에게 깊은 안도감을 주기 때문에 수족관에서도 해파리 코너가 해가 더할수록 인기가 높아지고 있다. 또 신진 작사, 작곡가나 피아니스트 등 젊은 음악가의 마음을 크게 움직이는 역할을 하고 있다는 이야기도 듣는다. '헤엄쳐라 다이야키 군'이나 '고기의 천국'과 같이, 가까운 장래 '해파리 노래'가 만들어져 널리 불리게 되기를 바란다. 한 예로 저자가 작

사한 해파리 노래를 소개한다. 명곡 「귀로(Dvorak 작곡)」[8]의 멜로디에 맞추
어 불러보기 바란다.

1. 두둥실 한들한들 해파리군
　하－얀 둥근 떡, 하－얀 만두
　네 개의 눈알로 무엇을 보냐!
　어디에서 태어나서 어디로 가냐!
　어디에서 태어나서 어디로 가냐!

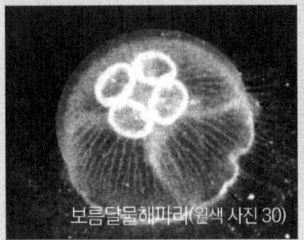

보름달물해파리(원색 사진 30)

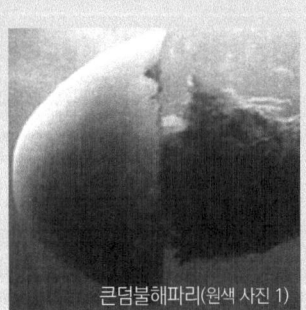

붉은쐐기해파리(원색 사진 11)

2. 두둥실 한들한들 해파리군
　빨간 파라솔, 긴 머리
　사이좋게 고기들을 데리고
　먼 해변을 여행하느냐!
　먼 해변을 여행하느냐!

3. 두둥실 한들한들 해파리군
　크디 큰 핑－크의 구슬
　길게 펄럭펄럭 나부끼는가!
　왜 그리도 크게 자랐나!
　왜 그리도 어업인을 괴롭히느냐!

큰덤불해파리(원색 사진 1)

<hr>

8　드보르자크가 작곡한 신세계 교향곡 제2악장으로 국내에서는 「꿈속의 고향」
으로 번안되어 잘 알려진 곡.

그럼 여기에 해파리와 금방 친구가 될 수 있는 대표적인 수족관과 그 소재지 및 연락처를 소개해 둔다. 해파리 전문 연구자가 있고, 지역의 특색 있는 해파리를 상세하게 설명해 주기 때문에 해파리에 관심 있는 독자는 꼭 한 번 견학하기를 추천한다.

(1) 신에노시마(新江ノ島) 수족관 '해파리 판타지 홀'

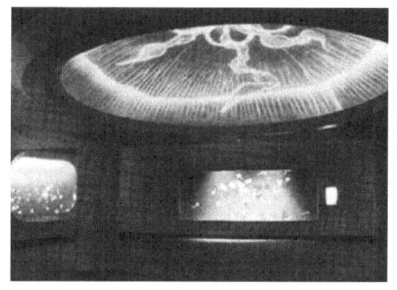

해파리 체내를 이미지시킨 반 돔 모양의 방에 9개의 수조가 있고, 10종류 이상의 해파리를 공개하고 있다. 세계 최대급의 해파리 시네틀(sea nettle)[9]이다. 관내에서 태어난 큰덤불해파리의 어린 해파리도 전시하고 있다. (장소: 神奈川縣 藤澤市 瀨海岸 2-19-1)

(2) 도바(鳥羽) 수족관 '특별전시실'

7개의 수조에 해파리 종류를 전시하고 있으며, 해파리 이외의 자포동물로 투구빗해파리나 나비빗해파리(유즐동물)를 볼 수가 있다.

---

9 Sea nettle은 대서양 연안의 하구역에 서식하는 해파리 일종 Chrysaora quinquecirrha (Desor)이다. 붉은쐐기해파리 그룹에 속하는 생물종으로 세계 최대 크기를 나타내는 해파리이다.

또 수수께끼가 많은 입방해파리의 연구나 자료도 풍부하게 구비되어 있다. (장소: 三重縣 島羽市 島羽 3-3-6)

(3) 쓰루오카시 카모(鶴岡市 加茂) 수족관 'Kuranetarium'

전시하고 있는 해파리 종류가 세계 제1인 수족관이다. 남양 파라오에서 부터 본 수족관 소재지인 야마가다 현에서 채집한 것까지 항시 25종 이상의 해파리가 전시되어 있다. 사전 예약을 하면 해파리에 대한 상세한 설명도 들을 수 있다.

관내의 레스토랑에서는 해파리 정식이나 해파리 아이스, 해파리가 들어간 주스 등 해파리를 이용한 메뉴가 다수 준비되어 있다.

해파리 정식

(장소: 山形縣 鶴岡 大宇今泉大久保 656-2)

맺음말

막대한 어업 피해를 동반하는 거대 큰덤불해파리의 대량 출현에 대응하기 위해 2004년부터 첨단기술을 이용한 농림·수산연구 고도화 사업의 일환으로 '대형 해파리의 대량 출현 예측과 어업 피해 방지 및 유효이용의 개발'이 채택되었다. 국가 및 지방정부와 일부 민간기업에 의해 다방면의 조사와 연구가 추진되는 것은 일본에서는 전례가 없는 일로 그 성과에 기대하는 바가 크다. 그러나 해파리에 의한 어업 피해는 이미 특정 해역의 국지적인 해역만이 아닌 전국 연안으로 확대되고 있다. 따라서 일본의 연해 및 근해 어업을 지키기 위해서도 앞서 제시한 과제는 현실적으로 매우 중요한 과제가 되었다.

앞으로 국가와 지방정부를 중심으로 해파리에 관해 끈기 있게 연구를 지속하는 한편, 본 과제에 의욕적인 연구자·기술자와 기업 및 단체 등에 적극적인 동참을 호소하여, 모든 지식과 기술을 결집하려는 노력을 기울여야 할 시기가 도래하였다. 해파리에 관련한 전문기관이나 개발 및 담당분야를 대대적으로 정리하고, 예산조치가 수반되는 대폭 변화된 연구체제가 편성·추진되어야 한다. 또한 성과나 형식에 구속되지 않은 조직의 재편성이 하루라도 빠르게 이루어져야 한다.

이와 같은 문제 해결 없이는 연말이 되어 점차 거칠어지는 겨울의 동해/일본해, 도호쿠(東北) 및 산리쿠(山陸) 연안 해역의 거센 바다에서 힘들게 작업하는 어업인들이 해파리 피해로 고심하며 비탄에 빠진 생활을 보내게 되고, 최종적으로는 휴어할 수밖에 없게 될 것이다. 2005년의 경우, 일본열도가 처음으로 거대 해파리에 포위되는 상황을 맞이하여 막대한 어업 피해를 입었고, 이러한 현상은 앞으로 점차 확대될 가능성이 크다. 매년마다 어업의 꿈을 상실하는 비참한 어민들의 모습을 중앙 및 지방정부의 관계자들에게 다시 한번 확실하게 보여주고, 그에 대한 대책을 마련해 주기를 바라는 것이 해파리와 긴 세월을 함께해 온 나의 거짓 없는 심정이다.

"큰넘불해파리가 동해/일본해 연안에서 산란하기 때문에 매년 대발생한다"는 것은 잘못된 내용이다. 또한 2006년 큰넘불해파리의 대량 발생은 전년의 10분의 1 정도라는 단편적인 결과만이 언론에 보도·방영되었기 때문에 많은 사람들이 잘못된 인식을 갖게 되어 큰 사회문제가 된 사례도 있다. 이렇게 되면 정확하고 유효한 해파리 대책도 바랄 수 없게 된다. 이와 같은 사회적 혼란을 방지하기 위해서도 해파리의 방·배제 실험과 병행하면서 기초적인 생물학적 특성이나 지식을 집적하여, 종합적인 견해를 보도하는 것이 무엇보다 중요하다.

저자가 동해/일본해의 해양관측에 종사한 지 40년의 세월이 흘렀다. 그동안 지방의 수산업 진흥 지도기관에 소속되어 있었기 때문에 어업, 해조류, 플랑크톤 등 다방면의 생물조사와 현장 대응에 박차를 가했던 날들의 연속이었다. 해파리는 최근 들어 '바다의 불청객'으로 주목받고 있지만, 초창기에는 누구도 관심을 두지 않았던 생물이었다. 전혀 반성이라고는 찾아볼 수 없는 역풍의 시대에 그것도 한정된 시간에, 더욱이 조사 장비라고는 수중 TV를 제외하면 패각, 대막대기, 플라스틱을 사용한 조잡한 수작업밖에 없었지만, 언젠가는 반드시 지금 하는 일이 필요한 시기가 올 것이라는 강한 신념과 용기를 가지고 조사 및 연구를 계속해 자료 수집을 수행하였다. ― 해저에서 참고 견디는 해파리의 폴립과 같이⋯⋯.

그다지 알려져 있지 않은 내용이지만, 최근에 세계 여기저기 다양한 바다에서 해파리류의 이상출현(발생)이 일어나고 있다. 지중해 안쪽에 위치하는 흑해에서는 고기는 없고 해파리가 지배하고 있다고 하는 사람들도 있다. 해파리는 해양오염이 진행되어 편모조류의 적조가 발생하는 바다를 좋아한다. 그 때문에 최근 일본의 해파리 대량 발생에 대해서도 연안 및 근해 해양의 건강도를 파악할 수 있는 지표가 되고 있고, 국제적으로도 깊은 관심이 모아지고 있다.

향후에도 2003, 2005, 2006년 이상으로 큰덤불해파리의 대량 출현이 빈번하게 발생하지 않기를, 그리고 이 해파리가 일본 각지의 연안 및 근해 해역에 침입을 계속하여 동중국해나 한국 연안 해역과 같은 거대 해파리의 제2, 제3의 고향이 되지 않기를 기원하면서 본서를 마무리하고자 한다.

본서가 폭넓게 읽혀 앞으로의 해파리 문제에 대한 과제나 문제 해결에 조금이나마 참고자료가 되어 다양한 분야의 사람들이 활용해 주기를 바랄 뿐이다. 한정된 시간에 집필하였기에 부족한 부분도 많을 것으로 생각되기에, 앞으로 더욱 내용을 충실하게 할 수 있도록 많은 독자로부터 비판을 바란다.

끝으로 원고 작성에 있어, 지방기관에서 40년에 걸친 길고 고된 연구생활을 지지해 주고, 해파리 연구의 중요성과 필요성에 깊은 이해를 보여주며 언제나 격려와 유익한 조언을 해주신 교토대학의 時岡隆와 西村三郎 두 명예교수, 홋카이도대학의 元田茂와 岡田集 두 명예교수, 그리고 아버지인 오비히로(帶廣)시의 安田章 전 교육장 및 청소년 과학관 초대관장이었던 다섯 명의 선생님(모두 고인)에 대해 마음으로부터 깊은 감사를 드리며, 이 책을 그들의 영전에 바친다. 또 원고를 읽어주신 도호쿠대학의 谷口旭 명예교수, 귀중한 자료수집과 사진제공에 헌신적으로 협력해 주신 독일 킬 대학의 H. Möller 교수와 Th. Heeger 조교수, 일본해구수산연구소의 黑田一紀 전 환경부장, 중앙수산연구소 豊川雅哉 박사, Tokyocinema 신사의 岡田一男씨, 에노시마(江島) 수족관의 관계 연구원, 도바(島羽) 수족관의 堀田拓史 연구원, 후쿠이현 美濱町 丹生어업협동조합의 谷口芳哉 과장, 丹生·日向어업조합의 모든 분, 홋카이도대학의 廣瀨美由紀 박사, 오이타(大分)현 내수면연구소의 猿渡實 주임연구원, 돗토리현 산업기술센터 小谷幸敏 식품기술과장 등 모든 분에게 심심한 감사를 드린다. 또한 히드라충에 대해 조언을 주신 교토대학 久

保田信 조교수, 해파리 과자를 보내주신 오바마(小浜)수산고등학교 小坂康之 교사, 본서 출판에 기회를 주신 (사)일본수산학회와 verseau book 편집위원 여러분, (주)成山堂서점의 小川典子 사장님과 편집부의 모든 분에게도 감사드린다.

또한 본서 내용에 대해서는 많은 문헌이나 자료를 참고하였지만, 그 상세한 출처는 별도의 저서(海のUFOクラゲ, 發生·生態·對策, 恒星社厚生閣, 2003)나 최근의 전문서(『일본수산학회지』, 『플랑크톤학회보』 등)를 참조하기 바란다. 또 본서의 내용과 표현의 책임은 모두 필자에게 있음을 부기하여 둔다.

2007년 8월

야스다 도루(安田 徹)

참고도서

- 柿昭好子, 2001, 大型クラゲの環境生物學—クラゲの大發生が問いかけるもの—西海ブロック漁海況研究報告.
- 久保田信, 1997, 日本動物大百科 7, 無脊椎動物, クラゲ類ヒドロ虫綱, 平凡社.
- 平野彌生, 安田徹, 1997, 日本動物大百科 7, 箱虫, 鈴クラゲ綱, 有櫛動物, 平凡社.
- 廣瀨美由紀, 2007, エチゼンクラゲの音響散亂特性に關する研究, 北海道大學審査學位論文.
- 黑田一紀, 2001, 第55會日本海洋技術連絡會議議事錄集.
- 三宅裕志, 1998, ミズクラゲの生物學的研究. 東京大學審査學位論文.
- Möller, H., 1984, Daren zur Biologie der Quallen und Jungfishe in der Kiler Bucht, Kiel University.
- 竝河洋, 楚山勇, 2000, クラゲガイドブック. ティ-ピーエス·ブリタニカ株式會社.
- 日本海區水産研究所, 2007, 先端技術を活用した農林水産研究高度化事業, 大型クラゲの大量出現豫測, 漁業被害防止及び有效移用技術の開發 (H16-18).
- 下村敏正, 1959, 1958年秋對馬暖流系水におけるエチゼンクラゲの大量發生について, 日本水研.
- 水産綜合研究センタ-, 2007, 大型クラゲ加工マニュアル.
- 渡部俊廣, 2005, 2003年に來游した大型クラゲによる漁業被害, 大型クラゲによる漁業被害の防止技術開發の現狀講演要旨.

- 豊川雅哉, 1995, 東京灣におけるクラゲ類の生態學的研究, 東京大學審查學位論文.
- 林勇夫, 2006, 水産無脊椎動物學入門, 恒星社厚生閣.
- 安田徹, 上野俊士郎, 足立文, 2003, 海のUFOクラゲ 一發生·生態·對策, 恒星社厚生閣.
- 安田徹, 2004a, 2002年晩夏から冬にかけて日本近海に異狀出現したエチゼンクラゲ N. nomurai Kishinouye について (短報), 日本プランクトン學會報.
- 安田徹, 2004b, 2003年晩夏から冬にかけて日本近海に異狀出現したエチゼンクラゲ N. nomurai Kishinouyeについて, 漂着物學會誌.
- 安田徹, 2005a, クラゲの大量發生とそれを巡る生態學·生化學·利用學 I-3, 日本海と近接海域, 日本水産學會誌.
- 安田徹, 2005b, 巨大エチゼンクラゲの生物學的特性と漁業被害 (I)(II), 日本水産資源保護協會 12月報 No. 488.

번역서 추가 참고도서

- 강영희 편, 2008, 『생명과학대사전』, (도서출판)아카데미서적.
- 국립수산과학원 유해생물팀, 2004, 『한국연안의 해파리(현장관찰 핸드북)』, 국립수산과학원.
- 김훈수, 이창언, 노분조, 1992, 『동물분류학』, (도서출판)집현전.
- 박미옥, 강성원, 이충일, 최태섭, Francois Lantoine, 2008, 봄철 제주해협과 동중국해 북부해역에서 식물플랑크톤의 광합성 색소분석을 이용한 군집 분포 특성과 dinoflagellate 적조, 『한국해양학회지: 바다』13.
- 윤양호, 박종식, 서호영, 황두진, 2003, 중국해 식물플랑크톤 군집의 공간분포와 와편모조류 적조, 『환경생물』21.
- 이태원, 2002, 『현산어보를 찾아서 2. 유배지에서 만난 생물들』, 청어람미디어.
- 진재운, 2004, 『해파리의 침공(최초보고, 책으로 보는 영상 다큐멘터리)』, 세종출판사.
- 한국생물과학협회 편, 2005, 『생물학용어집』(제2판), (주)아카데미서적.
- Beardsley, R.C., R. Limeburner, H. Yu and G.A. Cannon, 1985, Discharge of the Changjiang (Yangtze river) into the East China Sea. *Continental Shelf Res.*, 4.
- Lie, H.-J. and C.-H. Cho, 2002, Recent advances in understanding the circulation and hydrography of the East China Sea. *Fish. Oceanogr.*, 11.
- Lu D., J. Goebel, Y. Qi, J. Zou and Y. Gao. 2002, Prorocentrum donghaiense - a high

biomass bloom-forming species in the East China Sea. *Harmful Algae News*, 23.

- Mao, H.L. and B. Guan, 1982, A note on the circulation of the East China Sea. *Chinese J. Oceanogr. Limn.*, 1.

- Niino, H. and K.O. Emery, 1961, Sediments of shallow portions of East China Sea and South China Sea. *Geological Soc. Ame. Bull.*, 72.

- Park, J.H., 2000, First record of two Scyphomedusae (Cnidaria, Scyphozoa) in Korea. *Korean J. Systematic Zoology*, 16.

- Park, J.H., 2002, Two new records of Siphonophora (Hydrozoa) and Semaostomeae (Scyphozoa) in Korea. *Korean J. Systematic Zoology*, 18.

- Park, J.H., 2003, Two new records of marine Hydromedusae (Cnidaria: Hydrozoa) in Korea. *Korean J. Systematic Zoology*, 19.

- Park, J.H. and J.J. Song, 2004, Two new records of Hydromedusae (Cnidaria: Hydrozoa) in Korea. *Korean J. Systematic Zoology*, 20.

- Tang, D., B. Di, I.S. Oh and J. Li, 2006, Analysis of historical records of harmful algae blooms (HABs) for the South Yellow Sea and the East China Sea. *Proceedings of the 2006 Korean Society of Ocean Science and Technology Associations Joint Conference.*

일본(열도)의 지방 구분 및 도 단위 행정구역(현, 縣) 명칭

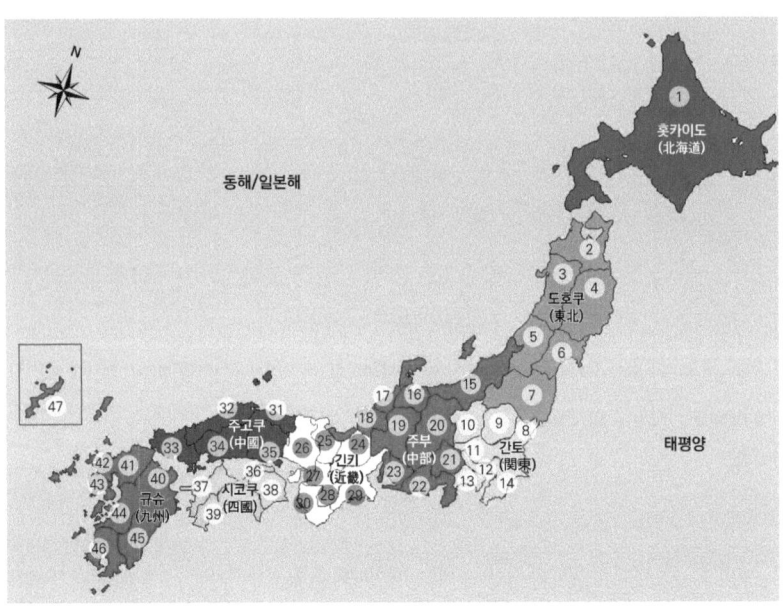

번호	현(縣)/도 명칭	번호	현(縣)/도 명칭	번호	현(縣)/도 명칭	번호	현(縣)/도 명칭
1	北海道(Hokkaido)	13	神奈川(Kanagawa)	25	京都(Kyoto)	37	愛媛(Ehime)
2	青森(Aomori)	14	千葉(Chiba)	26	兵庫(Hyogo)	38	德島(Tokushima)
3	秋田(Akita)	15	新潟(Niigata)	27	大阪(Osaka)	39	高知(Kochi)
4	岩手(Iwate)	16	富山(Toyama)	28	奈良(Nara)	40	大分(Oita)
5	山形(Yamagata)	17	石川(Ishikawa)	29	三重(Mie)	41	福岡(Fukuoka)
6	宮城(Miyagi)	18	福井(Fukui)	30	和歌山(Wakayama)	42	佐賀(Saga)
7	福島(Fukushima)	19	岐阜(Gihu)	31	鳥取(Tottori)	43	長崎(Nagasaki)
8	茨城(Ibaraki)	20	長野(Nagano)	32	島根(Shimane)	44	熊本(Kumamoto)
9	橡木(Tochigi)	21	山梨(Yamanashi)	33	山口(Yamaguchi)	45	宮崎(Mitazaki)
10	群馬(Gunma)	22	靜岡(shizuoka)	34	廣島(Hiroshima)	46	鹿兒島(Kagoshima)
11	埼玉(Saitama)	23	愛知(Aichi)	35	岡山(Okayama)	47	沖繩(Okinawa)
12	東京(Tokyo)	24	滋賀(Shiga)	36	香川(Kagawa)		

일본열도는 本州(Honshu), 北海道(Hokkaido), 九州(Kyushu) 및 四國 (Shikoku)의 4개의 큰 섬으로 구성되어 있으며, 本州(Honshu)는 재차 지역에 따라 中國(Chugoku), 近畿(Kinki), 中部(Chubu), 關東(Kanto) 및 東北(Tohuku)의 6개 지방으로 구분된다.

그리고 지도 내의 A, B, C는 본문에서 가장 많이 등장하는 지역/ 해역명으로 A는 瀨戶內海[(Setonaikai, Seto Inland Sea, Inland Sea of Japan), 本州(Honshu), 九州(Kyushu) 및 四國(Shikoku)의 3개 섬으로 둘러 쌓인 일본 최대의 내해로서 해양생물의 보고], B는 津輕海峽[(Tsugarukaikyo), 本州(Honshu)와 北海道(Hokkaido) 사이의 수로로 동해/일본해로 유입된 쓰시마 난류가 일본 태평양 측으로 유출되는 경로], 그리고 C는 能登半島 [(Notohando), 지도에서 16(富山)과 17(石川)현 사이에 동해/일본해로 크게 돌 출된 반도]를 나타낸다.

또한 본문에서 오호츠크해는 北海道(Hokkaido)의 북동 해역을 나 타낸다.

본서에 나오는 지역명과 해역명의 지방별 정리표(행정단위 기준)

지역명	현/도 단위	시, 읍, 면, 동 단위	해역명	반도, 곶 등 지명
Hokkaido (北海道) 지방		Erimo (裸裘) Noboribetsu(登別) Oshoro (忍路) Otaru (小樽) Rumoi (留萌) Shari (斜里) Tokoro (常呂) Yuubetsu (湧別)	Funka (噴火)灣 Ishikari(石狩)灣 Oshoro (忍路)灣 Tsugaru (津輕)海峽	Soya(宗谷)岬
Tohuku (東北) 지방	Akita (秋田)縣 Aomori (靑森)縣 Fukushima (福島)縣 Iwate (岩手)縣 Miyagi (宮城)縣 Yamagata	Ajigasawa (鰺ケ沢) Fukaura (深浦) Hachirogata (八郞潟) Hachirohe (八戶) Kamaishi (釜石)市 Kamo (加茂) Miyako (宮古) Misawa (三澤) Ohunato (大船渡) Takata (高田) Tanohata (田野畑) Tsuruoka (鶴岡)	Mutsu (陸奧)灣 Sendai (仙台)灣	Hokuriki (北陸) Kamo (加茂) 수족관 Oga(男鹿)半島 Sanriku (山陸) 沿岸
Kanto (關東) 지방	Chiba (千葉)縣 Ibaraki (茨城)縣 Kanagawa (神奈川)縣 Tokyo (東京)都	Asahimura (旭村) Chikura (千倉) Choshi (銚豫)市 Daito (大東) Fujisawa (藤澤)市 Kamokawa (鴨川)市 Tomiura (富浦)	Sagami (相模)灣 Tokyo (東京)灣	Boso (房總)半島 Enojima (江島) Inubosaki (犬吠崎) Shinenojima (新江島)수족관

Chubu (中部) 지방	Aichi (愛知)縣 Ishikawa (石川)縣 Niigata (新潟)縣 Shizuoka (靜岡)縣 Toyama (富山)縣	Kaga (加賀)市 Kashiwazaki (栢崎) Nanao (七尾)	Enshunada (遠州灘) Toyama (富山)灣	Atsumi (渥美)半島 Noto (能登)半島
	ukui (福井)縣	Mihama (美濱)町 Nyuu (丹生) Obama (小濱) Otomi (音海) Siraki (白木) Takahama (高濱)町	Obama (小濱)灣 Tsuruga (敦賀)灣 Urasoko (浦底)灣 Wakasaya (若狹)灣	Inoguchi (猪口)川
Kinki (近畿) 지방	Hyogo (兵庫)縣 Kyoto (京都)府 Mie (三重)縣 Osaka (大阪)府 Wakayama (和歌山)縣	Osaka (大阪)市	Ise (伊勢)灣 Kii (紀伊)水道 Kurita (栗田)灣 Maitsuru (舞鶴)灣 Osaka (大阪)灣	Doba(鳥羽)수족관
Chugoku (中國) 지방	Okayama (岡山)縣 Shimane (島根)縣 Tottori (鳥取)縣 Yamaguchi (山口)縣	Abe (阿部)市 Chomon (長門)市 Hamata (濱田) Iwami (岩見) Izumo (出雲)市 Sado (佐渡)		Oki (隱岐)島 Taisya (大社) Tottoriura (鳥取浦)
Kyushu (九州) 지방	Fukuoka (福岡)縣 Kagoshima (鹿兒島)縣 Kumamoto (熊本)縣 Nagasaki (長崎)縣 Oita (大分)縣 Okinawa (沖繩)縣		Ariakekai (有名海) Aso (淺芽)灣 Kagoshima (鹿兒島)灣 Karatsu (唐津)灣 Kenkainada (玄海灘) Yatsushirokai (八代海)	Goto (五島)列島 Tsushima (對馬)

Shikiku (四國)지방	Kochi (高知)縣 Tokushima (德島)縣	Muroto (室戶)市	Harimanada (播磨灘)	Tosashimizu (土佐淸水)

山陰(Sanin)은 本州(Honshu)의 중국(Chugoku)지방에서 동해/일본해와 면한 지역을 나타냄

우리나라 행정구역에 해당하는 일본 행정구역 명 (특별시→都(도, To), 광역시→府(부, Hu), 도→縣(현, Ken), 시→市(시, Shi), 읍,면,동→町(정, Machi), 그리고 북해도는 별도로 섬 전체를 道(도, Do)라는 행정단위로 취급)